ペットは生まれ変わって再びあなたのもとにやってくる

〝光の国に還った魂〟からのメッセージ

アニマルコミュニケーター
杉 真理子

大和出版

ひょっとしたらどこかで……

まえがきに代えて

動物を亡くすって悲しいですね。
苦しくて辛くて悔しくて後悔もします。
自責の念でいっぱいになって、胸が痛くて張り裂けそうで。
もう一度、会いたい。
でも、もう会えないとわかってるから、また涙が出ちゃいます。

そんなに悲しいのは、そこに愛があったから。
それを失ったと思うから。
愛は見えないけれど、体と共に消えたりしないんじゃないでしょうか。
確かにもう抱きしめられないし、
昨日まで、そこにあった体温を、今は感じることができない。

でも、一緒に暮らした日々は確かにあって、
色とりどりの思い出がたくさんあって、
ペットがいたから、愛を育んで、今のあなたになったのも事実。

そしてたぶん、過去生でも一緒に過ごして、その時に約束しました。
また会って、続きをやろう。
ええ、ぜひそうしましょう。
なんたって、私はあなたの魂からの夢を叶えるために、やって来たんですから。

だとしたらきっと、次の人生でも、いえ、
ひょっとしたら今の人生のどこかで、また会えるかもしれません。
あなたとペットは、時空を超えて、愛を綴って来たのですから。

ペットは生まれ変わって再びあなたのもとにやってくる　目次

第1章

光の国のペット達
動物達にも死後の世界がある

第2章

時空を超えたつながり なぜ、あなたを選んで来たのか？

第3章

飼い主の「人生の目的」のために ペットがいのちをかけて教えてくれること

第4章

最後の愛の贈り物
ペットロスがこんなに辛い本当の理由

第5章

ペットは飼い主の幸せをいつも願っている

作家プロデュース　山本時嗣
本文デザイン　齋藤知恵子（sacco）
イラスト　椋秋ハレ

序章

「魂の絆」の物語
あなたもいつか再び会える

ペットとあなたの「魂の絆」の物語

この本を手にとってくださってありがとうございます。

あなたは、愛するペットを天国へと見送ったご経験がおありですか？

ひょっとしたら、今、お辛い思いをしていらっしゃるでしょうか。

ペットとお別れするって、どうしてこうも悲しいのでしょう。

ええ、悲しいだけじゃないですね。後悔したり、自責の念に駆られたり、誰かを恨んだり。様々なネガティブな思いが浮かび、心神喪失状態になったり、時に記憶が定かじゃなくなることさえあります。たった一匹の動物の死が、なぜ、このような感情と心身の混乱をもたらすのでしょう。

それは、あなたがその子を、何者にもかえがたい程、愛していたから。

そして、何者にもかえがたい程、ペットから愛されていたから。

でも、それだけではありません。その辺は追々、お話させてくださいね。

序章　「魂の絆」の物語　あなたもいつか再び会える

申し遅れました。アニマルコミュニケーターの杉真理子と申します。

アニマルコミュニケーターとは、ペットの気持ちを飼い主さんにお伝えしたり、飼い主さんの思いをペットに理解してもらう「心の橋渡し」をする人間です。動物語の通訳とか、ペットメッセンジャーと言われたりもします。

もし、ペットということばが気になるならゴメンナサイ。この本では、コンパニオン・アニマルのことをペットと表現しています。ペットという文字をご覧になったらパートナーとか伴侶動物とか、あなたの好きなことばに脳内変換してください。

ペットと出会った時、ペットのほうが早く死ぬということを、頭ではわかっていましたよね。そして、大切なあの子が天に召された時もその後も、あの子が死んでしまったという事実を頭ではわかっています。でも、心がそれを受け入れられない。さっきまでそばにあった体温が今はないという悲しみ。

それを紐解くと、ペットとあなたの「魂の絆」の物語へとたどり着きます。そのお話をしたくて、この本を書きました。

生駒山で絆を深めた雑種犬

本題に入る前に私とペット達の話を少し聞いていただけますか？

幼少時は、両親・弟・祖母2人・叔父（父の弟）と、大家族の中で育ちました。両親の仲が悪く、大人達のいさかいが絶えませんでしたが、私はベール1枚隔てた場所にいるかのように、大人達の争いには無関心で、自分の好きなお絵描きや読書を楽しむ、ちょっと（いや、かなり？）愚鈍な少女でした。今、思えば、ペット達が家の重い空気から私を守ってくれていたのでしょう。

そんなこととはまったく知らず、本を読んでいる時以外は、庭では雑種犬と戯《たわむ》れ、1階では猫と眠り、2階のセキセイインコに話しかけ、応接間の金魚の餌やりを担当するというふうに、家の中をくるくる巡回していました。

やがて、父の愛人問題が波紋を呼び、一家は離散。

両親と弟の4人で他県へ引越した私は、ペットの飼えないマンションで暮らすこと

になりました。マンションに越して、しばらくすると、父はあまり家に帰って来なくなり、ずっと母子家庭のようでした。

私は、犬が好きだったこともあって、一家離散になる前まで一緒に住んでいた雑種犬を引き取った祖母（母の母）宅へは、電車を乗り継いでよく遊びに行きました。大家族で暮らしていた頃、庭にポツンといる雑種犬に、遊び心で「お手」「お代わり」を教えるうち、犬は私を友達と認識するようになったようです。当時の犬は「番犬」扱いですから、大人達が愛情を持って育てるという対象ではなく、犬も孤独だったのだと思います。

母の実家は代々、血統書付きの柴犬と暮らしていました。この雑種犬は、父が当時勤めていた大学病院で、動物実験用の犬の中から、弟の誕生日に父がひょいっと持ち帰った仔犬。犬と言えば、血統書付きの柴犬のはずが、どこの馬（犬の？）の骨ともわからぬ雑種犬を息子の誕生日にプレゼントとして持ち帰る父の感性を母は受け入れられず、仔犬への愛情も希薄でしたが、近所の手前か、食事はきちんと与えていました。

私が幼い頃は、庭でリードを持つと、勢い良く走り、芝生を引き摺《ず》り回されたことも何度かありましたが、祖母宅へ通うようになった頃には、雑種犬も老犬となっていて、ゆっくりと生駒山の麓《ふもと》を歩くことができました。

が、帰り際、祖母が最寄り駅までのタクシーを呼んでくれると、私との別れを察した老犬の切ない遠吠えが、生駒山に響きました。私もその声を聞くと、胸が締め付けられるような辛い気持ちになるので、段々、気軽には訪ねられなくなり、そうこうするうち、犬は老衰で亡くなりました。

祖母から「可哀想な姿だし、気が荒くなって噛むこともあるから来ないで」と言われていたので、犬を看取ることはできませんでした。いいえ、本当は、犬を大好きになっていたから、彼の痩せ細った悲しい姿を見るのがこわかったのです。でも、犬は私に会いたかっただろう、と、心のどこかで感じていて、彼に会う勇気がなかった自分をずっと恥じていました。

大人になったら犬と暮らそう。その際には仔犬の時から一緒に暮らして、なるべく長く一緒にいて、最期はちゃんと看取ろう。それだけが私の目標となりました。

私がアニマルコミュニケーターになるまで

それから数年が経ち、仕事で摩耗《まもう》していたところへ、阪神淡路大震災で被災し、ストレスからかアトピー性皮膚炎を発症した私は、生活を変えようと退職、その後結婚して名古屋で暮らし始めました。

皮膚炎の治療は相変わらず続けていたので、ペットとは暮らせない……と、どこかでぼんやり思っていましたが、ふらりと入った本屋で、大人のアトピーはストレスから……という内容の本に出会って考えが変わりました。

犬と暮らしたいのに我慢するストレスと、犬と暮らす代わりに掃除を頑張るストレスのどちらかを選ぼうという気になったんです（ペットの毛等がアトピーの一因になると言われています）。私は、犬と一緒に暮らしたいと願い、掃除を頑張る決心をしました。

ブリーダーを探して仔犬を予約。1年後に迎えた仔犬のお陰で、私は体調がグンと良くなり、アトピー性皮膚炎の症状もほぼ出なくなりました。犬と暮らせて幸せだという気持ちと、早寝早起きで散歩に行くライフスタイルが良かったのでしょう。皮膚科の先生からも、「あなたは好きなことをしてるのが一番ね」とお墨付き（?）をいただきました。

アトピーが改善したのは犬のお陰、犬に恩返しがしたい、とばかりに、犬の自然療法をあれこれ学び始めたのもこの頃からです。当時は、その仔犬があの雑種の生まれ変わりだと気付くはずもありませんでした。

ええ、そうなんです。大人になったら犬と暮らす。今度は仔犬から長く一緒にいて最期までちゃんと看取る……という私の思いに応えるために、彼は生まれ変わって私のところに来てくれました。それに気付いたのは、私がアニマルコミュニケーターとして活動を始めた頃でした。

仔犬が生後7か月の時、もう1頭仔犬を迎え、人間2人犬2頭の4人家族となりました。その頃、アニマルコミュニケーターという本に出会い、あなたとペットはもっと会話できる……という言葉に心躍り、私がやりたいのはコレだ！　と感動しました。

これがきっかけとなり、こわいと思っていた精神世界に徐々に足を踏み入れることになります。アニマルコミュニケーションが、テレパシーを使って感じることだと本で知ったのがきっかけでした。

今なら、テレパシーは人間という構造をしていれば、誰もが持っている感覚であることや、さほど使う必要がないから眠っているけれど、練習次第で使いこなせるから、誰もが動物と話ができる……と伝えることもできますが、当時は、テレパシーというだけで怪しい世界のように思っていました。もちろん、教えてくれる先生も日本にはいませんでした。

ただ、最初に習った犬のマッサージが、筋肉に働きかけるものではなく、神経に働きかけるタッチを基本としていたことから、犬を観察することや犬の感情に気付くことの大切さを学びました。そして、感情にアプローチするフラワーレメディ、ホメオパシー等の波動療法に目覚めたことで、ペットが飼い主さんから多大な影響を受けることに気付き、今度は人間を癒すレイキや透視等、精神世界の療法をどんどん身につけました。

海外から来日なさった先生達から学んだアニマルコミュニケーションは、私の仕事になっていました。家族も、人間は相変わらず2人ですが、犬はメス2頭が加わって4頭になっていました。

まさかの急変、愛犬アレッシュの死

すでにシニアになってしまった犬達と穏やかに暮らしていた2017年の春、私に衝撃的な出来事が起こります。2番目に来たオス犬のアレッシュが亡くなったんです。初めての自分の家族である動物の死でした。

彼は、数年前から小型犬によくある「僧帽弁閉鎖不全症」を患い、投薬治療を受けていました。心臓の検査のために、動物病院に預けたところ、「腎臓の数値がかなり悪い。この子は心臓が悪いから点滴をゆっくり送り込む必要があるので、点滴のために数日入院してください」とのこと。

この時点では、何の心配もしていませんでした。が、二日目の夜、診察時間が終わる頃に電話が鳴りました。

「急変です。今すぐ来てください」

頭が真っ白になりました。点滴入院と気軽に思っていたのに、まさかの急変です。

おろおろと準備し、タクシーで駆け付けると、愛犬は、うつろな目で心臓マッサージを受けていました。院長先生がそばで説明してくださるのですが、言葉が耳を通り過ぎるだけで理解できません。

これって医療ドラマでよくあるやつ？

ぼんやりそんなふうに思って

「あのー、ひょっとしてこれって心肺停止状態ですか？」

「はい」

その返事に、はっと我に返り、愛犬の名前を耳元で思いっきり叫びました。

何度か呼ぶと反応してくれて、院長先生が、心臓マッサージをしていた先生の手を止めました。でも、反応は一時のことで、アレッシュはいろんな管につながれたまま亡くなりました。5日前に、16歳のお誕生日を迎えたばかりでした。

院長先生が、愛犬の体を綺麗にし、段ボールにそおっと寝かせて、私に渡しながら、いろんな話をしてくれましたが、内容はあまり覚えていません。亡くなった愛犬と先生のお嬢さんの誕生日が同じ……という話だけ記憶しています。

ペットは絶妙のタイミングでお空に還る

タクシーで家に帰ると、留守番をしていた3頭が興奮気味に私を迎えました。彼らには、私の悲しみがすでに伝わっているようでした。私は亡くなったアレッシュのために保冷剤を敷き詰めてベッドを整え、花を飾り、ペット霊園へお葬式の予約を入れ、夫にメールをし、お留守番をしてくれた犬達に晩ゴハンを与え、それからずーっと亡くなったアレッシュのそばにいました。これって寝てるだけとちゃうの？　でも、全然動きませんでした。

理想の最期は、おうちでママの腕の中で逝く……という図式だろうに、どうして彼はそうじゃなかったのかなー。そんなことをぼーっと思っていたら、「私のためにこのタイミングで、自宅ではなく病院で亡くなった」という意識が立ち上って来ました。

確かに、心臓蘇生マッサージの手が止まったら最期であると、頭ではわかっていたのに、病院で先生が「では体を綺麗にさせていただきますので、待合室でお待ちくだ

さい」と私を促した時、ん？　体を綺麗にって、……彼はもう死んじゃったってこと？　いつ？　と、はてなマークがいっぱいでした。自宅でぐったりしたとしたら、パニックになって、きっと彼を病院へ運んだでしょう。彼は、パニックになる私を予期していたから病院で最期を迎えたのかな。少しだけ入院することで、彼のいない日常に私達を慣れさせてくれたのも、今思えばありがたいことでした。

ペットは絶妙のタイミングで、お空へと移行します。

あるご家族のペットは、その日じゃないと地方で暮らす子供達全員が揃わなかったという記念日に、全員に見守られて逝き、あるご家族のペットは、海外赴任したお父さんの帰国を待って逝き、私のペットは、私がパニックにならないよう配慮して逝きました。

彼らはある程度、自分の死について神様（宇宙と言っても、大いなる存在と言ってもいいと思います）に希望を出すことができるみたいです。彼らが希望し、神様が叶える。いのちは、人も動物も与えられたもので、自分の自由意志だけで操作できません。でも、神様に希望を出すことはできるし、それは、たいてい叶うように思います。

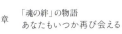

アレッシュはピータの生まれ変わり?!

アレッシュが亡くなった翌朝、タクシーでペット霊園へ向かい、予約した時間にお葬式をしてもらいました。夫は仕事だったので、私だけが立ち会いました。お骨を拾って小さな骨壺に納め、それを袋に入れて……。

帰りは電車に乗りました。最寄り駅で降りると、5月の晴れ渡った空。公園では家族連れが楽しそうに遊んでいました。私だけが、明るい風景に不釣り合いな喪服姿です。

「ぴーちゃん、今までありがとうね。ずっと大好きだよ」

歩きながら、心で骨に話しかけました。ぴーちゃんは彼のニックネームです。

アレッシュからアレピヨリン、ピヨリンそしてぴーちゃんへといつの間にか、呼び名が変化しました。ぴーちゃんと呼ぶようになった頃、彼が実は、大家族の頃、2階で飼っていたセキセイインコのピータだと気付きました。ピータはマンションに引っ越した時、一緒に暮らすことができた唯一のペットです。元々は手乗り文鳥が欲しかった私に、父が「手にも乗る上、喋るらしい」と勝手に買って来ました。

幼鳥でしたが、餌付けの時期は終わっていたので、手に乗るはずも喋るはずもありません。でも、それを知らなかったので、私は毎日、2階のピータに話しかけていました。彼はとてもこわがりでいつも小さくなってビビっていました。マンションへ引っ越してからは、おしゃべりも手乗りもあきらめたものの、自室に放鳥し、気弱な彼が自由を楽しむことで、少しでもこわがりを克服できないかを試したりしていました。

私が中学生になったある夜、布を被せたカゴからピータが私を何度も呼びました。布をめくると静かになり、何の異常もなさそうでしたが、布を掛けるとまた呼ぶの繰り返し。翌日、苦手なお稽古のために早く起きなくてはならなかった私はとうとう苛立ち、小さな鳴き声を聞きながら、もう知らない……と、毛布を引っ被って寝ました。

翌朝、気になって早めに起きて布をめくると、ピータは鳥カゴの中で冷たくなっていました。昨夜は、お別れを言ってくれていたのです。

彼がお別れを言ってくれる程、私を認識していたとは思ってもいなかったので驚きました。彼の気持ちに気付かないばかりか苛立って寝た自分を激しく非難しました。中学生だった当時、犬や猫のように、鳥にも豊かな感情があるということをまったくわかっていませんでした。

だからアレッシュがピータの生まれ変わりだと気付いた時は、私のそばにまた来てくれたのかとただただうれしかったです。

だから……ぴーちゃんなんだ。だから……いつまで経ってもオシッコ失敗するんだ。だから……抱っこすると左肩に顔をすりつけて甘えるんだ。

とても納得がいきました。ぴーちゃんはピータのニックネームでもありましたし、鳥は身体を軽くしておくために、排尿・排便は自分でコントロールできません。アレッシュが、いつまで経ってもオシッコを失敗しがちなのは、犬の身体にまだ慣れていないからじゃないか、と、思うと、他の犬達と違って、オシッコの覚えが悪いことも微笑ましく感じました。

そういえば、譲ってもらう時も、この子は生まれつきとてもこわがりです……と説明がありました。そのこわがりが、夫の膝でくつろいで寝たのが決め手となってウチ

の子に迎えたことも思い出しました。

亡くなったペットの魂はどこにいるの？

アレッシュのお葬式の帰り、近所の公園にさしかかった時、心で彼の骨に話しかけた私は、

「そこじゃなくてここでしゅ」

いきなりアレッシュの声を感じました。

彼はお骨のところにはおらず、私の左肩に、まるで小鳥であるかのように停まっていたのです。もちろん体はありません。魂というか彼だったエネルギーというか、そういうポワンとしたものがそこにいました。

アニマルコミュニケーションは、テレパシーという手法を用い、動物のハート（や魂）と五感や第六感を使って交信することです。動物が持つオリジナルな周波数に自分を合わせます。テレビのチャンネルを合わせるようなものです。6チャンネルが見たか

ったら6チャンネルに合わせますよね。テレパシーの場合は、五感、第六感、直感などを総動員し、動物のオリジナルなエネルギーに周波数（チャンネル）を合わせます。

よく知っているペットなら、思い浮かべるだけで周波数をつなぐことが可能ですが、まったく知らないペットの場合は、会うか写真を見る必要があります。チャンネルさえ合えば、ずっとその動物を見ている必要はありません。私の場合は、周囲の雑念や残留思念を感じやすいため、自室でお写真を拝見するスタイルをとっています。部屋と自分を浄化し、場を設定してから交信します。

その動物独自のエネルギーさえわかれば、その子が肉体を脱いで、お空へ移行してからもお話することが可能です。

今まで、私と交信してくれたお空組のペット達の幾人かは、自分は飼い主さんのそばに座っているのに、飼い主さんが骨壺に話しかけるのが不満だと伝えてくれました。

ペットの魂は、骨壺にいるのではなく、飼い主さんのそばにいて、生前と同じように飼い主さんに話しかけたり甘えたりしている場合も多いのです。そばと言っても、同じ次元ではありません。地球とは、ベール1枚隔てた異空間とでも言えば良いでしょうか。彼らは、私達が彼らを思う度、どこかからそこに瞬間移動するのだそうです。確かに、亡くなったペット達は、自分が亡くなった後の飼い主さんのことをよく知っています。

えっ？　彼は私の一部になった⁈

私のアレッシュも異次元の層にいながら、私の肩に停まっていました。２日くらい経つと、私の中に、アレッシュの欠片《かけら》が混ざっているような、かなり近い感じがして、何が起きているのだろう、と、観察し続けました。

その結果、アレッシュであった魂の大部分は、お空にいるのだけれど、小さな欠片の一部が私のエネルギーとして私の中に、いえ、私として存在していることに気付いて驚きました。大事なアレッシュが私の一部になってしまったのです！

私にとってそれは、喜びではなく、ショックなことでした。

他者だから、自分とは違う存在だから、わかり合えるとうれしいし、お互いの体温を感じて幸せなのではないでしょうか。なのに、アレッシュはなぜか、アレッシュであることをやめ、私になってしまった。そう思った時、なんだかとても孤独でした。アレッシュはアレッシュだからいいのに、アレッシュが私に溶け込んでしまったら、近過ぎてものすごく淋しい。私はアレッシュに訴えました。

動物との交信では、彼らのハートに話しかけると、まるで自問自答のように、自分の中から答えが返って来ます。話しかけると表現していますが、アニマルコミュニケーションは、人と人のおしゃべりのように、ことばのキャッチボールをするわけではなく、自分が感じたその子の周波数に思いを届けると、自分の愛の領域から答えが湧いて来るような感じになります。

自分のハートから動物のハートへ思いを届け、動物のハートの感情を自分のハートで感じる、そんな交信がアニマルコミュニケーションです。

アレッシュとの交信は、それよりもっと自分との会話でした。

叩けば響くと言いますが、叩く前に響く。まるっきり自分。

つながるための〝絆エネルギー〟はどこにある？

「ねえ、これもアニマルコミュニケーションなのかなぁ」
アレッシュに聞いてみました。
「近過ぎてイヤ、自分と融合しないで欲しいって言ってたけど、僕の全体が溶け込んだわけじゃないんだよ。マリチ（私の愛称）がアニマルコミュニケーションを教える時、動物と飼い主さんは、絆エネルギーを通して何年経ってもつながることができるって言ってるでしょ。その絆エネルギーが実は欠片なんだよ」

なんですとー？

私の感覚では、絆エネルギーは、どこか異次元にある小さな星のようなもので、飼い主さんが亡くなった動物を思う度、その愛が絆星に注がれ、絆星に愛が注がれると、絆星が中継し、どこかの次元で暮らしているその子に飼い主さんの愛が注ぐ。それが瞬時に行われ、飼い主さんの愛を感じたペットが、これまた瞬時に飼い主さんのそばに移行する……そんなシステムなのではないか、と、思っていました。

絆エネルギーで創造された絆星ってどこにあるのかなぁとは思っていましたが、まさか、飼い主のエネルギーの中に存在していたとは。


「ぴーちゃん、そうなんや。絆星は私の中にあるねんな？」

「そうだよ。マリチは敏感体質だから、僕が自分と融合してしまったと勘違いしたみたいだけど、マリチの一部分になったわけじゃなくて、僕の欠片の置き場所がマリチのエネルギーの中ってこと」

でも、それは他者が自分の中に入っているという、どちらかといえば、あまり良くない傾向なのでは？　個人的にはアレッシュなら大歓迎だけど。

「マリチがいつも、飼い主さんと動物は特別な関係って言ってるじゃない？　特別な関係だから、欠片を置くこともできるんだよ。僕達は他者のようで他者じゃない。

おうちにいる3頭も、お空に移行する時は皆、マリチの中に自分の欠片の置き場所を見つけて設置していくよ」

ペットロスはなぜこんなにも辛いのか？

亡くなった自分の動物から、すごいことを教えてもらいました。

飼い主さんのエネルギー・フィールドのどこかに、愛した動物の欠片が絆星として輝いているのだそうです。ニュアンスでは、置き場所がすでに決まっているような。

はい。私の中にも、アレッシュの絆星が輝いています。

あんなに孤独はイヤ、と、抵抗した私でしたが、今は、自分を整えさえすれば、彼に何でも相談できることをありがたく思っています。


でも、多くの飼い主さんは、ペットをお空に見送った後は、心にぽっかり穴があいて、辛く悲しく、心がすうすうしてしまいますよね。ペットがいないことによる悲嘆作用「ペットロス」です。

ペットロス自体は、当たり前の感情だと私は思っています。ただ、辛くて日常生活や体調に大きな負荷がかかる場合や、後追い自殺を考えてしまう等の重篤《じゅうとく》な症状に陥った場合は、治療が必要になって来ます。ペットロスは、それくらい、心身のバランスを崩しやすい事象と言えます。

我が家は多頭飼いなので、アレッシュ亡き後も、愛犬達のゴハンを作ったり、お散歩に行ったり、歯磨きをしたり等のお世話の時間、抱っこをしたり、なでたり、甘えてもらったりの癒しの時間も欠けることなく存在しています。

でも、もしもたった1頭のペットが亡くなってしまったら?

ペットを失うということは、文字通りペットの肉体が目の前から消失するということです。そして、ペットの肉体がないということは、ペットの肉体を保つための、あらゆるモノやコトが必要でなくなり、それらも消失します。そして、モノやコトに費やしていた飼い主さんの時間も必要でなくなります。

つまり、ペットがいなくなると、ペットが使っていたベッドもフードボウルも、動物病院での狂犬病予防接種も必要ではなくなり、飼い主さんの世界からそれらが消えてしまいます。同時に、それらに費やして来た飼い主さんの時間も必要でなくなり、予定にぽっかり穴があいてしまいます。

お散歩の時間、ゴハンや遊びの時間といった毎日のスケジュールにも穴があくことになるのです。

精神的な穴と同時に、空間的にも時間的にも穴があいてしまうことが、余計に失ったものの大きさを感じさせることにつながります。

人間はホメオスタシス（恒常性）が働く生き物です。

ホメオスタシスとは、からだの内部環境を一定に、いつものように保とうとする働きを表すことばです。つまり、人は「いつもと同じ」が心地良いわけです。ペットを失うことで、それも消失してしまいます。

24時間態勢でペットをケアして来た飼い主さんにとって、ペットを失うことは、生活のほとんどすべてを失うことに匹敵するんですね。今までの人生がなくなるようなものかもしれません。

ペットに愛された自分が消えてなくなる

また、動物を失くすということは、動物から得ていたものを失くすということ。それは、心通わすあたたかい時間であったり、彼らからの愛情あふれる注目であったり、彼らがくれるユニークな出来事だったり、彼らからの応援やサポートであったり、彼らからの無償の愛であったり。

つまり、ペットを失う飼い主さんは「(ペットに) 愛された自分も、いったん、失うことになります。多くの飼い主さんは、ペットを失くして辛いし、悲しいし、悔しいし、精神的に参ってしまう状態に陥りがちです。ペットに愛された自分の消失があるからです。

動物を失うと同時に、自分をも失うわけです。このような状態の飼い主さんは、ものすごく不安定です。精神的にも、肉体的にも、環境的にも、時間的にも、エネルギー的にも、霊的にも、あらゆる面で「穴」を体験するのですから、その辛さと言ったら。

動物を失くすということは、なんという大きな出来事なのでしょうか。

そのような一大事なのに、周りの人々の多くは、その辛さを理解できません。

時に、飼い主本人さえ、そのような穴だらけの自分を理解していない場合があります（理解していないことが多いです）。

ですが、失うものが大きければ大きい程、後に得るものも大きいのです。

後に得るもの、それは、簡単に言えば、「一回り大きな自立した自分」。

でも、こんな良いこともやってくる！

ペットロスはロスするものが大き過ぎるのが特徴です。マイナスの感情も大きくなります。でも、もうひとつ、マイナスとのバランスをとるような不思議なプラスも同時に起きます。ペットが亡くなった後、家族にいいことが起きるって聞いたことがありませんか？

子供の病気が軽減した、とか、体の弱い同居ペットが元気になったとか、あの子がお空に持って行ってくれたんだね、というような何か良いことや、突然降って来たギフトのようなこと。

アレッシュのお葬式の翌日、初めての小学校の同窓会が開かれるとの知らせが舞い込みました。何十年ぶりでしょう。それは私にとってワクワクすることでした。

中学校から私学の女子校に進学した私は、母の、誰からも好かれる女の子でいて欲しいという期待に背かぬよう、自分を偽って周囲に遠慮して過ごしているうち、いつの間にか、それが自分になっていました。なんだか居心地が悪いのは、成績が良くないせいだと思っていましたが、そうではなくて素の自分がわからなくなっていたからです。

だから、小学校時代にタイムトリップする同窓会は、私が自分を取り戻す絶好の機会でもありました。アレッシュは、私が自分に戻って今生の目的を果たせるよう仕掛けてくれたのです。

その数日後、何度チャレンジしても形にならなかった「出版」への大きな足がかりを掴《つか》むことができました。念願の出版です。私の人生がアレッシュによってがらりと変わろうとしていました。

私達の魂は永遠

辛く、悲しく、心身や空間、時間に大きな穴があくペットロスですが、あいた穴に何か良いものが舞い込むことがあるということは否定できません。あなたも、そのようなご経験をお持ちではありませんか？

ペットが亡くなるということは、それだけ大きなエネルギー変換が行なわれることだと言えると思います。彼らは、愛を体現する純粋な存在。はるか昔、動物は天使だったとも言われていますね。今もペットは、見返りを求めず、ひたすら飼い主を愛する純粋無垢な存在ですから、彼らと同じ周波数のものがやって来るとすれば、やっぱり純粋な良きことになるのではないでしょうか。

子供と暮らすペットは、その家の子供に、死を含めた「いのちの大切さ」を教える役目があるとも言われています。

重大なことを子供に教えたペットはやがて、我が家のアレッシュが、以前、2階で飼っていたセキセイインコであったように、私のアトピー性皮膚炎を激減させた仔犬が、生駒山で絆を強めた雑種犬だったように、飼い主のもとに再び生まれ変わってやって来ます。

安心してください。私達の魂も、ペット達の魂も永遠です。私達は生まれ変わりながら、一緒に学び合い、愛し合うようにできています。ですから、あなたもいつかペットに再び巡り会えるでしょう。

第1章

光の国のペット達
動物達にも死後の世界がある

私のアニマルコミュニケーションのやり方

ペットを亡くした飼い主さんからのご依頼で多いのは、「今、どこにいるの？　何してる？」という質問です。

亡くなった動物に、今、どんなところにいらっしゃいますか？　と、聞くと、風がそよいで気持ちいい草原や、優しい色合いのお花が咲き乱れているところを見せてくれることが多いです。

中にはアクティブな動物達もいます。彼らが見せてくれるのは、自然の風景が広がっていて、そこを自由に歩き回り、時には風に乗って空中遊泳（！）する姿。

若井ネロちゃんは亡くなって2か月になる犬の男の子。

がんを患い、余命宣告も受け、それでも何かしてあげられることはないか？　どうして我が家に来てくれたのかについても知りたいと、アニマルコミュニケーションを申し込んでくださったのですが、その4日後に光の国に還ってしまいました。

私のアニマルコミュニケーションは、メールでのセッション。

お申込みいただいた次の週に交信し、ご報告をメールで送るスタイルです。交信する日にちも、○月○日……とは確約せず、コンディションを整えながら、今日だ！と感じた日に交信させていただいています。お預かりした画像データとご質問をプリントアウトし、部屋を浄化し、自分をヒーリングし、場の設定をします。場の設定とは、安心・安全な空間で交信が行なわれるよう、高次元の存在達を部屋に招き入れて癒しの空間を作ること。

場の設定が完了したら、お祈りをしてから、写真に集中し、そこから醸し出されるエネルギーに意識を合わせてゆきます。意識を合わせてから軽く目をつむり、瞑想のような意識状態になって、自分のハートの空間に入り、そこへ動物をお招きしてお話しします。

ハートの空間というのは、私のレッスンでは、マイ・スペースと表現しているのですが、自分のイメージで作る、自分がもっとも心地良さを感じ、愛で満たされた自然のフィールドです。私の場合は、湖のある森と隣接する草原。草原の向こうに断崖絶壁があり、森の奥には小川。小川の向こうの奥まったところにユニコーンが2頭住んでいます。遠くに鳥の声が聞こえ、風がそよぐ、とても気持ちの良い場所です。

その空間の森の大きな木の下で、動物のお名前を呼び、動物が姿を現したら、お話しても良いか、許可をもらってから本題に入ります。

動物からのエネルギーを瞬時に記録するため、今はパソコンを使ってブラインド・タッチで書いています（昔は、記号等を駆使して手書きでした）。記録しながら、瞑想のような状態へ戻る……を繰り返すので、きっと右脳と左脳の両方に良い刺激があるのではないでしょうか？

亡くなったペットは仲間と一緒にいるの？

がんのため、10歳で亡くなったネロちゃんにも、私のマイ・スペースに来ていただきました。

ママからの最初のご質問は、「もうそちらの暮らしには慣れたかな」。

ネロちゃんは、優しい穏やかな感じのワンコで、

「僕はいろんなところにいるんだよ。
風のように地球を感じている。
ママのお庭にもいるよ！
お外っていうより地球。
もちろん、おうちにも帰っているよ」

と、答えてくれました。

亡くなった動物達は、とても自由で、基本的にはいつもひとりで行動しています。

ひとりと言っても、広がる風景と同調し、風になったり光になったり、そこにあるもののすべてがその子というイメージを感じることも度々です。同じ犬種同士で一緒にいるとか、犬は犬と、猫は猫と一緒であるとか、以前、一緒に暮らした人といるとかの、団体やグループのイメージはありません。

ただこれは、私がそう感じるというだけのことです。私が焦点を当てるのが、たったひとりのその動物のハートだからひとりとして感じるのかもしれません。

飼い主さんがネロちゃんに聞きたかったことも、少しご紹介させていただきますね。

「病気がわかった時、どん底に突き落とされ、受け入れるのに時間がかかりました。もっと早く気付けていたらと悔やみます。ネロもそうだよね？」

という飼い主さんからのメールに対してネロちゃんは、

「ん？　わかった時はその時だった。それだけだよ。

僕らは今が一番重要だから、昨日のこととか明日のこととかを思うのが苦手なの。ママみたいにいろんなことをクリエーションできない。

なんていうか……僕、病気なんだ、そんな感じ。

それが良いとか悪いとか、イヤとかいいとかはないんだよ。

病気になったら病気で生きて行く、それだけだよ」

と、力強くお返事してくれました。

「私達のところになぜ、来てくれたの？」

というご質問に対しては、

「直感！　ママとは遠い昔に絶対一緒だったよ。
とてもなつかしい気がしたもの。
そして、この人大好きってわかったもの」

また会えた！

ネロちゃんは、ペットショップで売れ残っていたワンコです。

ママさんは気になって、いつもそのペットショップを覗いていましたが、パパさんから、3頭目はダメだよ、と、きついお達しがあったため、おうちに迎えることはあきらめていたものの、気になって仕方がなかったんだそうです。

ある日、いつものようにペットショップを覗いたら、そこにネロちゃんはいませんでした。びっくりしたママさんが、店員さんに聞いたところ、ここでは売れそうにないから別の店に移動しました……とのこと。それを聞いたママさん、いても立ってもいられず、そのお店までワンコを追いかけ、家族として迎え入れたのだそうです。

気になって仕方がなかったのは、ママさんもネロちゃんも、魂レベルで〝再会〟を感じていたからだと思います。どちらもが、また会えた……と思った途端、絆のエネルギーが復活したのでしょう。

お話を聞いているうちに、意識の層の奥深くとの交信になったみたいで、過去生でネロちゃんとママさんが一緒だったであろう場面が浮かんで来ました。

西洋貴族の館。女の子が2人いて、次女がママさん。

「女の子達と僕は仲良しで、僕も女の子（メス犬）で、3人姉妹のように過ごしていたの。でも、病気で小さいほうの女の子が死んでしまった。

その時に、今度はずっと一緒にいる。必ず会う、見つけると強く思った」

とネロちゃんは話してくれました。

どうして小さい女の子がママさんだとわかったんですか？　と聞いてみると、

「魂の、なつかしいエネルギーを感じた。

出会った時はなつかしい感じがした。

家族だと言うことに1ミリの疑いもなかった。

それだけだったけどね」

そんなふうに答えてくれました。

パパさんについても、

「あ、パパは女の子達のおうちの家来だったと思うよ。

そういう出来過ぎたお話って本当にあるんだよ。

パパは、小さいお嬢さんを守ってあげられなかったということを、とても悔いていたから、今生、ママを守ることになったんだよ。

僕達はみんな少しずつ、不思議なご縁でつながっている家族なの。

でも、どのおうちもそんな感じで家族になるんだよ」

と、話してくれて、犬であっても、いや犬だからこそかな、魂レベルで深くつながると、いろんなことを知っていて、教えてくれるもんだな、と、感動しました。

光の国で出会ったお友達

動物は死ぬことを「光の国に還る」と表現します。

どうやら、生前に地球で出会ったことがある亡くなった動物同士ならば、会いたい時にいつでも会えるようですし、1頭の動物の魂の風景の中に、同じような使命を持って地球に生まれ、人間に貢献しただろうと思われる他の動物が出てくることがあって、時にはそのような動物と一緒に走り回ったりして、楽しい時間を過ごすこともあるようです。

例えば、こんなことがありました。

マリアちゃんは、末期がんで手の施しようがなく、あまりに苦しむ姿に、ママさんが安楽死を決意して光の国に還ったワンコ。

一足先に旅立ったナミちゃんママさんからのご紹介でアニマルコミュニケーション(交信)をさせていただきました。

ご紹介だったからでしょう、ママさんからの質問の中に、

「ナミちゃんと(天国で)会えたか聞いてください」とありました。

マリアちゃんママさんは、ナミちゃんが亡くなってからナミちゃんママさんとお友達になったそうで、生前、マリアちゃんはナミちゃんと会ったことはなかったんだそ

うですが、亡くなってから天国でお友達になってくれたらいいな、と、祈っていたので、この質問がしたかったんだそうです。


マリアちゃんからの答えはこうでした。

「こっちは不思議な世界で、
昔（過去生）から知ってるワンコがいっぱいいるの。

お迎えにも来てくれたのよ、いっぱいで。

だから、肉体を脱いですぐ、ママに今までありがとうって挨拶した後は、
みんなと、
わぁ、なつかしいね。なになになに？　パーティー？

って感じで、光の高原をみんなで駆け上がったのよ。

ナミちゃん、すぐにわかった。

大きい子も小さい子もいっぱいいたけど、ナミちゃんはピンク色だったから。

こっちでは、好きな年齢でいられるってナミちゃんに教えてもらったから、私達、今、ピチピチのヤングガール。（人間でいうところの）18歳」

そういえば、ナミちゃんもマリアちゃんも、亡くなった時はお婆さんと言える年齢でした。

マリアちゃんの場合は、お空へ上がる時の様子や、ママが願った通り天国でマリアちゃんとナミちゃんがお友達になれたのかどうかというところに焦点が当たったので、なんだかにぎやかな様子が伝わって来ましたが、光の国でいつもパーティーのようかどうかは定かではありません。というか、お空へ上がるセレモニー以外は、もっと穏やかだと思います。

マリアちゃんママさんが、ナミちゃんママさんに交信の報告書をメールなさり、ナミちゃんママさんも、ナミちゃんが光の国でどんなふうだか知ることができて良かった、と、連絡をくださいました。

愛犬の闘病生活を支えたママさん同士。愛犬達は実際には会ったことはなかったのですが、ママ達の願い通り、光の国で出会い、仲良くやっているらしい姿を想像して、クスっと笑い合えたご様子でした。

このようなことが叶うのも、同じような使命のため、同じような境遇に身を置き、同じように病気で毛皮を脱ぐことを選択した、同じ魂グループだからじゃないかと思います。人間も動物や植物も、同じ源とつながっていますから、源を通して、みんなでひとつ……とも言えますね。

ご家族で、先に亡くなった先輩にあたる動物と一緒にいるのか、という質問もありますが、ずーっと一緒にいると答えた子はいませんでした。時々会うとか、会いたいと思ったらすぐ会えるという答えが多かったです。お互いのエネルギーが引き合うのでしょうか、会いたいと思ったらすぐそばに姿があるんだそうな。

お供えについてのリクエストあれこれ

先ほどのマリアちゃんのお話にあったように、ペットがお空に移行する時には、いろんな過去生で一緒に過ごした動物がたぁくさん迎えに来てくれて、ワクワクと光の世界に還るようですね。

地球での今回の目的を果たして、無事に地球を卒業し、お空に移行することを、先にも述べたように「光の国に還る」と動物達は表現します。便宜上、お空と言っていますが、空の彼方に存在しているわけではなく、なんとなく地球の自然の風景とそっくりな異次元空間に、それがあるように思います。

実は、しょっちゅうおうちに帰ってる、と、答えるペットも少なくありません。お供えのゴハンやおやつを楽しむ子もいます。実際に食するわけではありませんが、自分を思って、飼い主さんがお供えしてくれた食べ物には、食べ物自体の良いエネルギーの上に飼い主さんの愛情も加わっているので、ペットからみると、美味しいというかありがたいというか、そういう愛のエネルギーをもらえるものなんです。

だからでしょうか、お供えに関してはリクエストが多いです。ミルク味のものを、とか、いつものジャーキーを、とか。

いつだったか、ボーロのイメージが出て来て、飼い主さんにお伝えしたところ、「ボーロ、お供えしてます」とうれしそうに教えてくださいました。

飼い主さん、お空のペットからの気持ちをご自分のハートでキャッチなさっていたのでしょうね。ご自身では気付いていらっしゃらないかもしれませんが、これも立派なアニマルコミュニケーションですよ。

お供えは、ペットが生前、食べていたものだけがリクエストされるとは限りません。

脳出血を起こし、24時間介護態勢の動物病院に長期入院中だった小早川歌之介さんは、急変後、ご自宅に戻してもらい、最期をお母さんの腕の中で迎えることができたニャンコ。

「ごはんやオヤツは大歓迎だよ。

いつも（お供えを）食べてる。

おやつは、ゴージャスなやつもいいし、

お母さんが食べてた美味しそうな甘いやつでもいいんだよ。

今は、そういうのも味わえるから」

と、うれしそうに教えてくれました。

小早川さんは、以前、ケーキを持って来てくれたご友人が、自分達が食べる前にうーたん（歌之介さんのニックネーム）にお供えしようか、と、おっしゃった際、猫は甘いものは食べないから別にいいよ、と、答えたことがあったのだそう。

「うーたん、あの会話を聞いていたんですね。これからは甘いものもお供えしてみようと思います」と、おっしゃっていました。

お骨については無頓着

お供えに関しては、あれこれリクエストがある一方、飼い主さんがかなり気になさる「お骨」についてはほんとに執着がありません。たいていは、ママの好きにして……、で終わり。動物は魂が服（肉体）を着たような存在なので、脱いだ服には気持ちが向かないというか、しょせん服の域を超えないというか。お骨のあるところに魂があるようにお考えの方が多いと思いますが、少なくともペットにとってはそうではありません。

ですが、お骨も大切に扱うと、私が残したものを大事にしてくれてありがとう、という気持ちは持つようです。

ですから、亡くなった動物への質問でダントツに多い「お骨はどうして欲しい？」へのペットの答えを聞いた飼い主さんは、ちょっと拍子抜けな感じになります。

動物霊園が自宅から遠くてあまり会いに行けないという場合や、転勤族で今住んでいる地域のお墓に埋葬しても、今後、お参りできるかどうかわからない、という場合、飼い主さんはずいぶん悩まれますが、お骨を手元の置いておくというのも、ひとつの方法です。

お寺に納骨しないなんて罰が当たりそう、と感じたり、ペットが成仏できないのではないか、と心配になったりする方もいらっしゃいますが、そんなことはありません（もし、そのような思いに支配されるようであれば、お墓を作った方がご自身の不安の解消になるでしょうし、ペットも安心すると思います）。少なくともペット本人は、お骨をどうしようとほとんど気にはしていません。

ペットの魂は、愛そのものです。私達がどうしようが、それに左右されるようなことはありません。お骨は、お墓を作らず、手元に置いておいても特に問題はありません。私もリビングの片隅に「天使コーナー」を作り、そこにお骨を祀っています。

ちなみに「お墓に入れて欲しい」というリクエストをペットから受けたことはありませんが、お骨がそばにあるとママが執着して悲しむとか、思い出に浸り過ぎて日常生活が上手く回らない等のことがあった場合は、ひょっとしたらお墓に入れてとリクエストされるかもしれません。

ママの気が済むように……と言うのはペットの愛です。飼い主さんが心配を手放すこと、不安を持たないこと、安心できること……が、ペットの望むことなんです。

亡くなった人間の家族とは一緒なの？

先に亡くなった人間の家族と一緒にいるのか、という質問もありますが、生前のようにずっと一緒というわけではないみたいです。

何かのきっかけでたまに会う場合や定期的に会う場合など、パターンもさまざまです。例えば、お散歩の時間になったら、お父さんがリードを持ってどこからかやって来る、と、教えてくれた動物もいましたし、ばばちゃんとは時々会うけど、どうやって会うのかわからない。歩いていたら急に一緒になるの……と言う子もいました。ばあばは温泉に行ってる、と、耳打ちしてくれた動物もいます。あの世でも温泉に行くのか、と、面白く思いました。

動物の魂と人間の魂では「質」が違います。

どちらが上とか下とか、どちらが進歩的とかではなく、愛の質やエネルギーの精妙さに違いがあって、動物は動物界の天国（アニマルキングダムと表現されることもあります）で暮らし、人間は人間界の天国で過ごすのが通常だと思います。

普段、離ればなれであっても、ふと思う時や、お互いに心地良い習慣を続けたい時、残された家族からの思いを感じた場合などは、地球で暮らしていた頃のように、一緒に過ごすことができるようです。光の国って自由で楽しい世界なんですね。

光の国では、生前のお気に入りの姿で

光の国ではペット達は、生前の自分のお気に入りの姿で過ごしています。

老衰で亡くなったからと言って、年老いた姿かというとそうではなく、たいていは、ピチピチとした若々しい姿です。病気だったり怪我が原因で亡くなったとしても、肉体を脱いだ後は、病気や怪我から解放されてはつらつとしています。そして、交信の時に見せてくれる姿も同じように若々しいお姿です。

時には、ワンポイントのお洒落をしている場合もあります。以前、バンダナを巻いて現れた犬がいました。その犬が生前、バンダナを巻いていたかどうか、飼い主さんはあまり覚えていませんでしたが、そのバンダナは、飼い主さんに大切にしてもらったことへの感謝の象徴でした。

バンダナでなくてもリボンや首輪のチャームなど、ワンポイントのお洒落は愛をいっぱいもらった印として表れることが多いのです。

また、仔犬の時に命を落としたある犬は、綺麗な成犬のお姿で現れました。もう小さくて頼りない仔犬ではない、ママの愛を受け取って成長している、ということを伝えたかったようです。

我が家のアレッシュも、生前、心臓と腎臓が悪く、ヨロヨロもたもた歩いていましたが、亡くなった後は、キュートな若い頃の姿でした。性格は生前のままの頑固なこわがりさん。性格って彼らしさを表しているから、そうそう変わったりしないのでしょう。亡くなると、神々しくなると思いがちですが、そうでもないということですね。

でもね、お姿は若々しいだけではなく、ちょっと光っていたり、動くと被毛が金色に輝くなんてこともあります。その子の魂のレベルの高さを表しているのかもしれま

せん。

こうして再び地球に転生してくる

光の国の動物達は、どの子も安らいで幸せな感じです。

彼らは、光の国の住人になってしばらく経つと、また地球に生まれ変わる動物、光の国でほかの動物のお世話をする動物、光の国で仕事を持つ動物等に、やんわり分かれるようです。

たいていの動物は、再び地球に生まれます。いわゆる転生です。

ペットとして生まれた動物は再び、ペットとして生まれることが多いのです。ペットの犬なら犬を何度か繰り返し、犬としての経験を充分積んだ後は、また別の種類のペットとして経験を積み、いろんな角度から人間を観察し、あらゆるペットを経験した魂は、最終的には人間として生まれ変わるらしいです。

あらゆる魂が目標とするのは、天界の大元の光とひとつになること。

ペットが、動物なのに人間社会で暮らし、多少、不自由な思いをしながらも、飼い主に貢献し、いのちを養ってもらう代わりに、愛を体現し人間に教えるのは、ペットを何度も繰り返した次に、人間に生まれ変わるからかもしれません。

そして、人間は同じように人間を何度も経験して魂を磨くと、最終的に生まれ変わらず、光になると言われています。

彼らが1秒でも長く生きようとするけなげな理由

動物は、自分が魂の存在であることを生前から自覚しています。今は、ペットのジョンとしてここにいるけれど、自分は実は、ジョンの肉体をまとった魂であるということをどこかでやんわり感じています。ですから、肉体がボロボロになったり、病気や怪我で衰えたりすると、服を脱ぐように肉体を脱ぐことを選択します。

自分が魂の存在であることを、なんとなくであっても自覚しているペット達は、死を恐れることはありません。魂として光の国に還るということは、地球での今生の目的を果たした証《あかし》でもあります。

ですが、そこに大きく関係してくるのが、飼い主さんの思いです。

飼い主としては、ペットがどんな状態であれ、1分でも1秒でも長く一緒にいたいと思いますよね。このような飼い主さんの思いに引き摺《ず》られて、肉体を脱ぐことができず、最期の最期まで頑張るペットも多いように感じます。ペットの辛そうな状態を見て、「もう頑張らなくていいよ」と、飼い主さんが言えるまで、なんとか持ちこたえるペット達のけなげな姿には胸を打たれます。

ボロボロで今にも脱げそうな服を必死に引っ掴んで、まだ脱いじゃダメなんだ……と頑張ることは、動物にとってかなり辛いことだと思います。そのように頑張らざるを得ないペット達が昨今は増える一方です。飼い主さんとペットの関係が密接になっていることや、ペットの医療が発達し、治療のグレードが格段に上がっていることも一因だと思います。

不思議なことに、そのような状態であっても、ペットが亡くなる時は、飼い主さんにとって最高とも言える程、条件が整った日であることがほとんどです。

序章でも、ちらりと触れましたが、ペットは純粋な愛の存在ですから、飼い主さんご一家にとって最良のタイミングで肉体を脱ぐことができるよう、大いなる存在に自分の希望をオーダーしています。

私が感じるところでは、ペットの希望はたいてい叶えられます。飼い主側から見ると、ペットがその日を選んでくれた……ということになるのでしょうが、いのちあるものはすべて、自分で自分のいのちをコントロールできるものではない、と、私は思っています。ですからペット達も、自分で「今だ」と思って肉体を脱ぐわけではなく、希望に添う状態になった時、大いなる存在が「お疲れ様でした」と、手を貸してくれるのではないかと推察しています。

もう生まれ変わらないペットは何をしているのか？

では、転生しないペットは、光の国でどんなことをしているのでしょう？

犬のしつけ教室をなさってらっしゃる方の愛犬が亡くなった際、お話させていただいたことがあります。その子は、「お母さんが人間と犬が楽しく暮らせる社会に貢献しているから、私は光の国に来た犬達が楽しく暮らせるようにお手伝いしたい。もう生まれ変わらない」と伝えてくれました。

たぶん、生まれ変わるとか生まれ変わらないとかも、自分の一存では決められず、

大いなる存在達と相談していると思います。生まれ変わるのは、地球での魂磨きがこれからも必要な場合。そして、生まれ変わる必要がなくなった時に初めて、光の国での新たな使命が生まれるのだと思います。

しつけ教室の先生の愛犬は、もう生まれ変わる必要がないくらいに、魂が磨かれていたということですね。お話させていただいた時、犬の体が金色に光っていると感じました。

余談ですが、しつけ教室の先生のお嬢さんが夢で愛犬を見たのだそうです。「娘は霊感の強い子なんですが、娘も愛犬が金色をしていると言っていました」と伺って、ああ、同じ周波数を感じてうれしいな、と、思いました。

また、長きに渡る闘病の末、光の国に還った犬は、光を編むアーティストとしてここ（光の国）で暮らしていると伝えて来ました。自分と同じように重篤な病気という境遇で心が疲れてしまった犬や、虐待などのひどい目に合って光の国に還って来た犬を光のアクセサリーで癒すのが仕事だそうです。光を編む仕事、初めて聞きました。その犬は、「いつかはママにプレゼントできる光を編むからね。人間用のは大きいからなかなかたいへんなんだ」と言っていました。

実は飼い主さん、医療ミスで愛犬を亡くし、心に大きな傷を抱えていらっしゃいました。それを知ったとき、光を編むアーティストとなった愛犬さんに私はいたく感動したのですが、飼い主さんは、その職業がどんなに貴重かということ等、私が少し説明したくらいでは、おわかりにならず（そりゃそうでしょう。私も初めて聞いた職業でしたから！）、地球に転生しない、ということを、とても残念に思っていらっしゃいました。

ペットの魂磨きは、飼い主さんに愛を教え、飼い主さんが愛の存在として地球に貢献できるように導くことです。

地球を汚すのは人間だから、地球には人間がいないほうが幸せだとおっしゃる方もいらっしゃいますが、人間以外は、ただただ自分のいのちを全《まっと》うしているだけ。人間だけが、思考を使って、お互いに話し合ったり、苦渋の決断等を繰り返し、地球上のありとあらゆるもののバランスを取ることが可能です。この資質があってこそ、地球のお世話係ができるのですから、人間は地球にとってありがたい存在になれるはずなのです。

第2章

時空を超えたつながり

なぜ、あなたを選んで来たのか?

ペットが飼い主を選んでいる！

ペットと飼い主さんは、特別な関係にあるなぁといつも思います。

ペットは飼い主さんを選んでいます。

いやいや、この子はペットショップで私が一目惚れしたのよ、と、お思いかもしれませんね。この子、元々は実家の母が飼っていた犬ですから、と、否定なさるかもしれません。年老いて捨てられていた猫なんですよ、私が拾わなければ、今頃、どうなっていたかわかりません、と、おっしゃるかもしれません。

でも、でもです。紆余曲折を経て、あなたの元に今、いるとすれば、その子はまぎれもなくあなたを選んでやって来た動物です。あなたと愛し合い、学び合うことでしか、魂磨きができないペットが、あなたのそばにいるその子です。

確かにあなたは3番目の飼い主さんかもしれません。1番目と2番目の飼い主さんに出会わなければ、その子はあなたにたどり着けませんでした。もちろん1番目と2

番目の飼い主さんとその子の間にも、あなたとは少し質が違うかもしれませんが、ご縁があったから家族として共に時を過ごしたのでしょう。素晴らしい絆で結ばれていたと思います。でも、今、その子と愛し合い、共に学ぶのはあなたです。

ペットショップで目が合ったのが縁で家族になるってよくあるケース。

目が合うということは、あなたがペットを選んだように、ペットもあなたを選んでいるんです。アニマルコミュニケーションでは、「待ってたんだよ」「また会えた」「ママが迎えに来てくれたとわかったんだ」などと話してくれるペットもいます。

飼い主さんも、その子を選んだと思いますが、その子も気持ちを送ってアピールしているんです。飼い主さんによっては、動物からの「僕はここだよ」という思いを知らぬうちに受け取って、その子に決めたということがあるかもしれません。

ペットショップは一例ですが、どのような出会いであっても、動物は飼い主さんを見つけ、思いのエネルギーを送っています。

飼い主さんは、動物から選ばれた人なんです。

あなたを幸せにするために生まれてきた

動物はなぜ、あなたを見つけることができるのでしょうか。不思議ですよね。でもね、見つけてくれるんです。

動物の魂の記憶の中にあなたがいるから。

ペットとして人のそばで暮らす動物は、飼い主さんを幸せにすることが使命です。そばにいて癒してくれるのはもちろん、落ち込んでいる時は慰めてくれ、うれしいことがあった時は一緒に喜んでくれる。でも、それだけではありません。

飼い主さんの夢を応援したり、今生の目的に気付かせたり。あの手この手で、時には体を張って大切なことを教えてくれる時もあります。そして、飼い主さんに貢献できたら、今生での魂磨きを終え、天界へと還ります。

光の国に還った動物は、肉体を地上で脱ぎ、魂の状態です。魂は、美しい色彩にあ

ふれた光のエネルギーで、同じような質の魂と緩やかに溶け合ってなんとなくひとつとして存在しています。そんなグループが幾つかあるみたいです。

グループでは、魂が地球から戻って来たら、お帰りなさいと歓迎し、少しずつ少しずつ還って来た魂と同化します。

次に生まれ変わる時には、飼い主さんをさらにブラッシュアップできる個体となるよう、グループで協力し、以前とは少し異なった魂の質もブレンドし、どこに生まれて、どのような道筋を経て、飼い主さんに出会い、飼い主さんのどのような質を応援するかをざっくり決めてから生まれます。


人の魂は、過去生から幾度となく生まれ変わる度に、どんどん磨かれ、ひとつ前の前世とは違う魂磨きを今生で楽しむようになっているので、動物も、それに相応しい質を身につけて生まれなければ役に立てません。そのため、前世とまったく同じ魂で生まれるということはなく、飼い主さんの今生の目的に合わせ、カスタムメイドして生まれます。

すごくないですか？　あなたの幸せに貢献できる質を携えた魂に、変容してから生まれるなんて。でも、それは一番、近くでペットとして存在することを選んだ場合です。誰かの魂にブレンドされ、その子が飼い主さんに貢献するのをサポートする時もありますから。

ちょっとややこしいでしょうか。

魂は、ひとつの決まったカタマリではなく、形のない光のエネルギーです。

だから、自由自在なのだ、とだけ覚えておいてくださいな。

人間の天国と動物の天国は別々の空間で、人間の天国も動物の天国もグループ分けされており、グループ内で、次回の地球での学び等を決めています。

人間は人間の天国から、動物は動物の天国から、地球へ降りてくるはずですが、降りた先の地球で再び、飼い主とペットとして出会い、お互いに愛し合い、学び合うことになります。

人間も動物も、おのおののグループの何らかの規則やサイクルに従って地球に転生していると思います。別々の空間から再び地球に降り立ち、出会って家族として過ご

す。個人的なことというよりは、全体的な学びのシステムとして何かあるのでしょうね。宇宙の采配は、素晴らしいです。

また会える！　は、宇宙から見ると当たり前なのかもしれません。

ママが献身的介護をしたサンダー君のこと

アニマルコミュニケーションで、飼い主さんの知りたいことのひとつが、「以前、一緒だったことがあるかどうか」です。以前というのは、今生のどこかの場合も、過去生のどこかの場合もあります。これは深い質問です。心ではなく、魂への問いかけとなるからです。

このような質問の場合、飼い主さんと動物に今、必要であれば、映像等で一緒だった時期の光景が出て来ることがあります。

例えば、東野サンダー君の場合。

サンダー君は、走ることが大好きな10歳のワンコ。

パパの趣味がサーフィンで、ママと一緒にパパを待つ海も大好き。とても元気なハンサムボーイでしたが、ある日突然、前足に骨肉腫を発症。

骨肉腫の治療としては、断脚が一般的ですが、サンダー君のママは、走るのが大好きな彼が、断脚で走れなくなるのが忍びないと悩みました。断脚したからと言って完治は望めないということを知り、外科的治療を避け、漢方や波動療法等のホリスティックなケアが専門の獣医さんで治療をすることに。もちろん、かかりつけの獣医さんでも日常的なケアはお願いしていました。

当初は、病状がさほど進行することもなく、痛みなども出ておらず、獣医さん達が驚く程、サンダー君は順調でした。1年以上経ってから、大学病院の検査でも内臓への転移が見られないとのことで、「どんな治療をしているのか」と先生方に聞かれた程、とても珍しい状況だったようです。

ですが、ある日を境に、症状が急速に悪化し、漢方や波動療法の獣医さんからも、ここまで来てしまっては、これから先、手の打ちようがないという意味のお話があり、かかりつけの獣医さんでの処置と、おうちで日常的なケアをするだけになりました。

ママはサンダー君が快適な日常を過ごせるように……と、複数回、アニマルコミュニケーションとヒーリングをサンダー君に受けさせ、「サンダーが気持ち良さそうで、教えていただいて良かったです」と、腫瘍のケアには、私が提案したハーブティーを使ってくださいました。

サンダー君のために、たくさんの愛情と時間をかけて、真面目にコツコツとケアをなさったママさん。ご努力には頭が下がりました。私は、普通のシニア犬のケアしか経験がありませんが、それでも結講たいへんでしたので、ほぼ前例のない骨肉腫への自然療法的なケアとなれば、さぞたいへんだっただろうと思います。

でもね、寝不足でお疲れだったにもかかわらず、「今日……今のサンダーが快適であるように……」と、明るくケアをなさっていたんです。私は、すごいなぁって応援していました。

僕は「家族の輪」のために来た

そんなママに、安心して身を任せていたサンダー君でしたが、腫瘍からの出血やひどい貧血、食欲不振に嘔吐など、様々な症状が押し寄せ、水以外、口にできなくなりました。

ママから「もうそんなに長くはないとわかっています。サンダーが苦しまずにお空に帰れるよう、ヒーリングをお願いします」と切ないメールを受け取った私は、早いほうがいいな、と、思い、翌日からアニマルコミュニケーションとヒーリングをさせていただくことにしました。

ママが大切に看病しているサンダー君、実は、パパが実家で暮らしている頃に飼い始めた犬だそう。ママと一緒にパパのところにお嫁入りしたと思っていた私はビックリ。ママとの深い絆を感じていたからです。

で、パパから、初めて出会った日のことや実家のことを覚えているかを聞いて欲しいと言われました。

サンダー君はパパと空港で初めて出会い、車でご実家まで移動したのだそう。

「ワクワクした。

とってもうれしかったんだ。
出会えて良かったと思ったら寝ちゃった」

不安はなかったのですか？

「もちろん！　パパに会うために生まれたんだよ」

以前、パパと会ったことがあるのでしたっけ？

「白い馬だった時。パパがご主人様だったんだよ。
いつも彼の役に立つことだけを考えてた」

どの時代ですか？

「ヨロイを着て戦争をしてた。ヨーロッパだよ。

お互いに、一緒にお城を守るという使命があったから、共にそれを目標として進む、厳しい関係でもあったけれど、お互いを尊敬していた。

僕は思ってたんだよ。

彼の役に立つ人生もいいけど、彼に庇護される人生もいいなって。

だから今生は、彼に愛されるために生まれてきたの。

そして、彼の『家族の輪』のために来たの」


「家族の輪」というのは、血縁という意味だけではなく、思いがつながっていく人達という感じだそう。確かに、彼が病気を発症してから、情報を求めてネットサーフィンしたママは、同じ病気を持つ飼い主さん同士でつながって、お互いのブログやツイッターを行き来し、お互いに励まし合い、治療についての情報交換をするようになり、いつの間にか、心の家族とも言える輪ができていました。


「でも、結果として血縁の家族の輪もつなげた」

と、満足そうに答えてくれました。

「僕のこと心配しないで。ちゃんとママになってね」

ええ、そうです。

実はママさん、結婚8年目にしてやっと、ベイビーを授かりました。

子供が好きだったパパさんとママさんは、結婚当初から、いつでもベイビー・ウェルカムな気持ちでしたが、若かったこともあって、自然に任せることにしていました。

毎日、忙しかったし、楽しかったし、特に焦る気持ちはなかったそうです。

ですが、気付くと結婚して5年が過ぎ、自然に任せていてはダメなのかも。不妊治療を受けるべきなのか……という考えが頭をよぎったそうです。しかし、その頃にサンダー君が骨肉腫を発症し、ベイビーどころではなくなりました。

かかりつけ医は当然のように、断脚を勧めました。セカンドオピニオンをお願いした病院でも、断脚したくないお気持ちはわかりますが、それ以外の治療法では望みが薄いと宣言されてしまいます。

手作り食で有名な獣医師が、遠方から出張でやって来ることを知り、診察を受け、家庭でのケアの方法を教えてもらい、その獣医師のもとで、漢方や波動療法を取り入れた治療に奮闘する日々を送ることになりました。骨肉腫だけれど、断脚しない方針を貫くのは、前例もなく、並大抵のことではありません。

いつの間にか、ママさんの頭の中から、ベイビーのことはすっかり立ち消えに。

それからあっという間に3年が過ぎ、サンダー君の体調は急速に悪化。ママさんは、大きな心配を抱えながら、24時間態勢で、介護に取り組んでいました。

そんなところへ、突然、ベイビーがやって来たのです。ベイビーのことがわかった時、サンダー君の介護で疲れていたこともあり、なんで今なの？　と、手放しでは喜べなかったと言います。愛犬のいのちの灯火が消え入りそうなこの時期に、今からどんどん輝くいのちがおなかで育っている。

家族が増えても、サンダーへの愛情は変わらないことを理解してもらいたい……。とママは先日話してくれていました。

その時のサンダー君とのアニマルコミュニケーションは、こんなふうでした。

サンダー君、ママのおなかの中に赤ちゃんがいるんですよ。

「知ってる。大事にしてもらいたい」

赤ちゃんは、サンダー君からのプレゼントですか？

「ううん。
そんなことは神様にしかできないよ。
でも、僕も願ってたんだよ。
赤ちゃんって良さそうだなぁって思って。

弟、できたら一緒に遊ぶ。
妹、できたらペロペロ可愛がる。

だからね、僕のこと心配しないで。
赤ちゃんのためにちゃんとママになってね。

僕は赤ちゃんを見守るよ」

サンダー君は、パパとママの大切な宝物が密かに育っていることをすでに知っていました。このことをメールでご報告すると、サンダー君がベイビーを待ち望んでいることを知ったママさんは、不安が喜びへと変容し、母親になる自覚が芽生えたのだそうです。

この時は、3日間続けてのアニマルコミュニケーションをお申し込みでしたので、ママさんからは、次の日にサンダー君に伝えてもらいたいこととして、「サンダーが言ったことをちゃんと守って、元気な赤ちゃんを産むから見ていてよね」というメッセージをお預かりしました。ママさんからのメールは明るい希望に満ちたものでした。

いつも天国のサンダーが励ましてくれた

パパがママと結婚する前のご実家のことは、

「風景とかではなく、風の匂いとか、

遠くから聞こえるお母さんの声とか、
こっそりおやつをくれるお姉さんとか」
を覚えていました。

ご実家のお母さんもお姉さんも、サンダー君のことが大好きで、いつも応援なさっているそうですよ。

「うん。ありがたいね。
僕と係ってくれた人、みんな大好き。
みんなにありがとう。
そのみんなが今度は、赤ちゃんをサポートしてくれるね」

そんなことを話してくれた10日後、サンダー君はお星様になりました。

ママからのメールには、

「心にぽっかり穴が空いていますが、
私はサンダーとの約束通り、
元気な赤ちゃんを産んで思いをつなげてゆくという仕事がありますから、
なんとか頑張れそうです。
落ち着いた頃に、お空のサンダーとのお話しお願いします」
とありました。

ママは、つわりがひどい時も、お腹にベイビーがいながら、子宮の手術をしなければならなくなった時も、難産で出産に時間がかかった時も、いつもかたわらでサンダー君が励ましてくれるのを感じていたのだそうです。

赤ちゃんね、女の子でした。
女の子ならペロペロ可愛がる……と言ってたサンダー君ですが、
「お姫様は舐《な》められるのが嫌いだから、
ママと一緒に僕も添い寝してる」

と、教えてくれました。

サンダー君、育児に忙しい毎日だそうですよ。

サンダー君のように、過去生で出会った飼い主さんと、再び出会ってより絆を深めたり、飼い主さんの夢を実現させるお手伝いをしたり、以前、果たせなかったことを一緒に成就したり、転生を繰り返す中で、必ずまた出会うんだなぁ、と、感心します。

ペットと飼い主さんは、ほんとに特別な関係だといつも思います。

いっこうに人に慣れないチワワのハルカちゃん

杉山さんのおうちにやって来たハルカちゃんは、とってもお顔が可愛いチワワの女の子。保健所から動物保護施設に引き取られて殺処分を逃れました。被毛もふさふさでお顔も可愛いのですが、人間がこわくてまったく人に慣れず、クレートからいっこうに出て来ないばかりか、一時預かりのボランティアさんのおうちでは、当初、10日間もゴハンを食べなかったそうです。

音がこわい、人がこわい。触ろうとするとあわててクレートに逃げ込むので、お散歩にもなかなか出られなかった。最初は人に慣れないワンコも多いですが、ハルカちゃんの場合は、ずーっと預かりさん宅にいるのに、ほぼ進歩がないようでした。

一時預かりのボランティアさんは、保護した動物を紹介するブログを開設なさっていて、ハルカちゃんの様子もよくわかります。

そんなハルカちゃんに目を留めたのが杉山さん。

一時預かりのボランティアをした経験もあり、2頭の愛犬のうちの1頭は繁殖施設から引き出された保護犬でした。ブログでハルカちゃんの様子を見た杉山さんは、すべてを承知で里親になったそうです。

アニマルコミュニケーションのお申込用紙の備考欄には、「人がこわいようでまったく慣れません。人がいる時はいつもクレートの中。人が寝静まると室内で運動会をしているらしい。齧《かじ》る玩具を与えているのに、木の家具を齧るので止めさせたい。今まで関わった獣医師、トリマー、保護施設のスタッフみんなが、どうしてこんなに慣れないいんだろう。どんな暮らしをして来たんだろう、と、首を傾げた」とありました。

一時預かりボランティアさん宅で、お散歩の練習をし、お散歩には行けるようになっていたし、凶暴性はまったくないとのこと。そんなハルカちゃんを「そのままずっと慣れなくてもいいいから。あなたのすべてを認めるから……」と家族に迎え、今回は、何がこわいのか知りたい。ハルカの苦痛を取り除いてあげたい、と、アニマルコミュニケーションをお申し込みになりました。

アニマルコミュニケーションは、動物の気持ちや魂の願いなど「感情」「精神性」「霊性」が得意分野です。

私はいつも遠隔で、お写真とご質問を拝見しながら、自室でコミュニケーションをしています。この日も同じスタイルで、ハルカちゃんをイメージの世界の私のスペースにお招きしました。

安心できる「おうち」ってなあに？

ハルカちゃんは、木の陰からトコトコまっすぐ私の前に進み、「母ちゃんが言って

た人？」と、私が誰かを確認しました。そうだと答えると、「私は、人間がこわいわけじゃないのよ」と、まだ何も聞かないうちに伝えて来ました。

「母ちゃんがいい人だって知ってる」
「自然は好きよ、安心する」

ハルカちゃんは、私のスペースを見渡してそう言いました。彼女はすでに、何をしにここへ来たのか、何を聞かれるかを知っているような口調でした。

飼い主さんが、ペットに、お話をしてもらうからね、と、事前に話しかけている場合や、話しかけずとも、心の中でワクワクと想像してる場合などは、ペットがそれを感じて、事前になんとなく誰かとお話するんだな、と、理解している場合も多いのです。動物同士は日頃からテレパシーで会話をしているので、人間よりはるかに、思いをキャッチする力があるからです。

ハルカちゃんは、「大きな音もこわいし、スピードもこわいし、いろんなものが一

度にたくさん動いているのもこわい」と、何も聞かないうちに教えてくれました。

母ちゃんのおうちはいかがですか？

「私、ここ（母ちゃんの家）にいたい」

どうしてですか？

「慣れて来た」

ポツンポツンとお話するので、もっとゆっくり話したほうが良いかを訪ねると、頷きました。

そして、白い画用紙に綺麗な色でお花をポツンポツンと描いてある映像を見せてくれました。幼稚園児の絵のようなピュアで明るい、でも、とっても小さい範囲だけの世界。その小さい世界を守るようにそっと生きて来た感じです。

「チョビちゃんもサワラちゃんも安心」

そう言って、絵の中に杉山さんの愛犬2頭を描き加えたものを見せてくれました。

確かに2頭とも、その世界観に似合っていました。

母ちゃんは？　と、私が聞いてみると、「母ちゃんは、ビビッドな色で眩しくて大きいからここには入れない」と言った後で、「でも、あたたかいよ」と付け加えました。

ほかにも、人間は大きくて動くから苦手なことや、夜中にクレートから出て部屋を動き回るのは、慣れるために空間を把握したいからだと教えてくれました。

そこがハルカちゃんのおうちですよ、と言うと、

「私がいるところが、私のおうち？」と聞いて来ました。

ハルカちゃんがいて、チョビちゃんやサワラちゃんや母ちゃんと、ずっと関わりながら過ごす安心できる場所がおうちですよ、と、伝えてみましたが、彼女は、スペースとしての「家」は認識できるものの、「家族」の意味がよくわからないようでした。

また、みんなから可愛いと言われることについても、可愛いと言われるという事実はわかっているけれど、自分が可愛いということに価値を感じておらず、「それが何か？」と言った感じでした。

前世は神様のように祀られた犬

「(家具を齧るのは) 齧る玩具より大物で一心不乱になれる。やりがいもある。家具から歴史を感じることができるから、齧ると家がわかって、ここに馴染みやすくなる気がする」と、たくさん伝えてくれました。

家具には、からだに悪いものも塗ってあるから齧るのは止めたほうがいい。母ちゃんが心配している、と、話すと、「気にならない」とつれない返事でしたが、後日、杉山さんから、家具を齧るのは止めてくれました、と、メールをいただき、ちょっと安心しました。

今まで、ハルカちゃんに関わった人は皆、「ハルカちゃんは人間がこわい」と言っ

ていましたが、本人は、

「人が苦手だから隠れるの、こわいわけじゃない」

「触れられるのは苦手。あまり触れられたことがない」

ハルカちゃんには、杉山さんから短いメッセージを預かっていたので、それもお伝えしました。

「ハーちゃん、今のままでも大好きだよ。

でも、ハルカが淋しそうにしていると母ちゃんも淋しいよ。

何もこわくないからね」

それを聞いたハルカちゃんが、

「うん。私、変?

ずっとこんなふうに過ごして来たからそうしてるけど、
ここでは、それが変なのかな?」

と、言った時、彼女の過去生らしきものが見えて来ました。

神様の祭壇を守る犬。

薄暗い寺院のような場所にいて、一般の人間達より神聖な存在として崇《あが》められていたので、神様と同じように祀られ、人間が気軽に触れない身分。人間に対して上から目線。彼女をお世話する神官など、ごく少数の人としか関わりがなかった。神様を守るという使命に生き、人に甘えることを知らなかった。

動物を守護する存在からのメッセージ

そんな犬っているんだろうか、と、思う間もなく、ハルカちゃんを守護する存在からのメッセージが入って来ました。

今生は人と関わる。
今生は「家庭犬」を学ぶ。
好きにさせておくと良い。そうすると安心。
魔法の言葉は「大切」「うちに来てくれてありがとう」。

〝氣〟の良い家を選んだ。

可愛がってあげようと思わなくていい。


どうやら家庭犬というものを体験しに杉山家にやって来たようですね。

人間に守護する存在がいるように、ペットにもペットを守護する存在がいます。

アニマルコミュニケーションを重ねるうち、動物がお話をしてくれているそばから、それを解説するような、やや客観的な視点のお話が聞こえてくるようになり、守護する存在なんだ、と、私は認識するようになりました。

いつもいつも聞こえるわけではありません。ごくたまにです。

しかも、聞こえる時はいつも、動物が話している最中だったり、私が映像や動物のカラダを感じている最中だったりして、単独では現れないのが特徴です。音声多重放送のようになるので、キャッチできる内容だけを必要なこととして飼い主さんにお伝えしています。

アニマルコミュニケーションが深まると、このような声も聞こえるのだと最初の頃は思っていましたが、どうやらこれは私の個性のようです。

ハルカちゃんの場合は、過去生の出来事と今の態度に一致が見られ、個人的には「なるほど、だから今、そんなふうなんだ」と、感じ入りましたが、過去生というのは、そもそも本当がどうかを確認できません。

また、ハルカちゃんの飼い主さんは、スピリチュアルな活動をなさっていらっしゃるわけではない、ごく普通の方です。えー、この過去生を伝えるのかと、気が重くなりました。

伝えないという選択もあるかもしれませんが、私はアニマルコミュニケーションで出て来たことは、どんな内容であろうと、正直にエネルギーを曲げずに全部伝えるということを大切にしています。

必要だから出て来ると思っているので、必要なことがきちんと出て来るよう、交信の前には、環境も自分も整える時間をとり、多くのエネルギーが飛び交う場所などでの交信も控えています。自分をオープンにした途端、いろんなものを拾ってしまう体質だと認識しているので、精妙なエネルギーワークをするのは、自宅のリビングとい

う限られた空間だけに留めているのです。

再び巡り会い、愛し合い、学び合う

さて、アニマルコミュニケーションでハルカちゃんから聞いた内容を、パソコンで清書し、報告書を作成した私は、観念してエイっと一気に送信しました。翌日、パソコンを開けると杉山さんからメールが届いていました。自分の中でネガティブな感情が芽生えましたが、恐る恐るメールを開きました。

「こんばんは。
ハルカとのアニマルコミュニケーションをありがとうございました。
何度も何度も読み返し、泣いて笑って、ものすごく納得しました」

と、ありました。
ものすごく納得したの？

やっぱり飼い主さんと動物は特別な関係なんだと再認識しました。

杉山さんからのメールには、ご自身もたくさんの人が動くところが苦手で自然が好きなこと。今までで一番感動したのが、夜の福島の田んぼ（真っ暗で何も見えない）であること。ハルカちゃんとは、似た者同士が見えない力で引き合ったような縁を感じていること。無理に人込み等には連れて行かず、のんびり自然の中に行ってみようと思います……と綴られていました。

似た者同士なんだー。ひょっとしたら過去生で見えた、当時ハルカちゃんをお世話していた神官が杉山さんかもしれないな、と、心があたたかくなりました。過去生と同じように、今生でもハルカちゃんを守ってお世話なさるのでしょう。

杉山さんは、自分のネガティブなところを愛に変えてください、と、神様にお願いした途端、ハルカちゃんに巡り会ったのだそうです。動物保護施設から引き取って里親になった杉山さんですが、ハルカを助けてあげた、引き取ったとは思っていません。「ハルカが家に来てくれて、私が救われたと思っています」と、書いてあったのがとても印象に残っています。

過去生は、必要な場合に出て来ることが多いのですが、本当かどうかは証明のしようがありません。サンダー君のママは、前世の主人を慕う気持ちは、サンダーの今生にもバッチリ現れていたので、「やっぱりなー」って感じもあります、と、おっしゃっていました。

そんな感じで、時空を超えたつながりがあったから、再び巡り会い、愛し合い、学び合うことになった、と、思っていただければうれしいです。

ペットと飼い主は特別な関係

そういえば、こんなこともありました。

亡くなった猫の飼い主さんから、その黒猫との前世でのつながりを知りたい、と、ご要望があった時、ある映像が浮かびました。

片田舎の小さなお城の窓辺で、赤いドレスを身にまとった女性が、猫を膝に抱いてすわっている映像です。でも、それだけで、黒猫さんからのお話はありませんでした。
仕方なく、見えた映像（と言ってもほんとに一場面だけ）をお伝えしたところ、飼い主さんから、

「赤いドレスってこんなやつじゃありませんか？」

と、ドレスの写真が送られてきました。

私が感じたドレスよりも少し刺繍がゴージャスでしたが、確かにそんな赤いドレスだったので、そのようにお返事しました。

「あのドレスは、私が東欧を旅行した際、とっても気になったドレスです。

普段、ドレスや民族衣装などには関心がないのに、そのドレスにだけは心惹かれ、とうとう買って帰って来ちゃいました。

前の猫が亡くなった時、そのドレスに包んでお空に送ったので、今は手元にないのですが、赤いドレスと聞いて驚きました」

このお話を聞いたとき、赤いドレスを着ていた時代に、黒猫さんと幸せなひとときを過ごしていらっしゃったのだろう、と、思いました。そして、赤いドレスのことを持ち出せば、飼い主さんにわかってもらえると黒猫さんが思ったことにも感謝しました。

前世のことで、このように心当たりがあるって、すごく珍しいことだからです。象徴的な赤いドレスが出て来たことで、飼い主さんは前世でつながりがあったと信じることができたようです。

魂は永遠です。

幾度となく、輪廻転生する中で、ペットと人は絆星を通して幾度となく巡り会うのでしょう。学び合い、愛し合うことでお互いに魂磨きを楽しむためです。

絆を結んだペットと人は、特別な関係だといつも思います。

「また会える」は本当です。

あなたも、もちろん愛しいペットにまた会う日が来ることでしょう。

第3章

飼い主の「人生の目的」のために
ペットがいのちをかけて教えてくれること

ペットと飼い主をつなぐ愛のエネルギー

ペットと飼い主が「特別な関係」だということ、ここまで読み進めてくださった方は、なんとなくでも感じていただけましたでしょうか？　あなたがペットと暮らしていらっしゃるならば、その子とあなたもまた、特別な関係にあります。

私は、ペットから気持ちを聞いて飼い主さんにお伝えしたり、飼い主さんの思いをペットにお話することで、双方が理解し合い、より深い絆の元、幸せに暮らしていただくお手伝いをしています。

ペットは、愛を体現する純粋な存在です。

過去生から絆を深めて来たペットがかたわらにいる、というだけで、心が安定し、幸せを感じるものですが、ペットの気持ちがわかったり、自分の気持ちにペットが返事をしてくれると、今まで以上に愛のエネルギーの通りが良くなり、不思議なことに、以前よりずっと気持ちが通い合うようになります。

ペットと飼い主さんをつなげているのは愛のエネルギーです。ことばがなくても、なんとなくこんな気持ちじゃないだろうか、と、思うことって日常結構ありますよね？それは、すでにハートとハートがつながっているからです。

愛のエネルギーはハートのスペースにあります。物理的な心臓とか胸部という意味ではありません。私達は、エネルギー的な存在ですから、肉体のほかに見えない体や意識の層というものがあり、ハートのスペースは愛が存在する高次元の層です。

アニマルコミュニケーションは、動物から発せられる、「ハートの思い」＝「愛」をテレパシーという手法でキャッチし、五感で感じることをことばに変換して、飼い主さんにお伝えします。

飼い主さんにお伝えする方法が、ことばや文章なので、人間同士のようにコミュニケーションを交わしているのだと思われがちですが、ハートからの愛のエネルギーを感じて、それを瞬時にことばに変換しています。

誰にも「今生の目的」がある

何度も転生を果たし、以前より魂が磨かれた状態で地球に降りて来た飼い主さんには、今生、地球に降りたらコレをするという目的があります。魂レベルの目的なので、個人の感覚では決め手はわかりませんが、ヒントは、魂や守護存在が発してくれていますので、なんとなくつかめるようになっています。

簡単なところでは、好きなことの中に今生の目的が隠れているから、好きなことをするのが大切と言われたり、自分が生まれた時の天体の位置で解読できるから占星術は大きなヒントになると言われたり、生まれた時のフルネーム（結婚している方は旧姓）の中に使命が隠れていると言われたり。

ですが、魂の目的が何か、はっきりくっきりわからなくても大丈夫。

人生を謳歌する中で、目的が果たされるよう、地球におりてくる前にあらかじめ仕組んで来ていると思います。ただ、人間は魂の声が聞こえないくらい、頭の声が大きいので、ストレートに目的に向かうことが難しく、あちらこちら寄り道をすることも多々あります。

寄り道が時間の無駄のように思えた時期もありましたが、これがまた人生にはひとつも無駄がなく、後で役立つようになってるんだな、と、昨今は感じています。

でも、あんまり遠回りしたくないなぁ、って方はリラックスする時間を持つと良いです。のんびり湯船につかる……とかもきっといいです。

私のモットーは、動物・植物・鉱物・人間・見えない存在が、お互いを尊重し、豊かな個性を表現し合う、平和な地球に貢献することです。

でも、以前からそう思っていたわけではありません。アニマルコミュニケーターとして活動を始めてから、ああそうだなって思ったんです。

小さい頃、好きだったことや夢中になったことの中に、魂の目的があると言います。子どもの頃はまだ、余計な思い込みや観念がさほど付いてないでしょうから、魂の振動に共鳴して行動していたかもしれません。

私の場合は、動物が好き。お絵描きが好き。読書が好き。作文が好き。今、思えば、

大人達のいさかいの中で育って、動物が友達だったことはヒントというか仕掛けですよね。

獣医師、青山さんの後悔

夜明けの前が一番暗いと言いますが、魂の目的へと軌道修正が入る前には、人生の暗闇を体験することが多いと思います。

青山さんは高校2年の時、4歳のシェパードを胃捻転で亡くしました。

ご自分が進路に悩んでいる時で、落ち着かず淋しく、やっぱりまた犬と暮らしたい、と、先代犬を紹介してくれた訓練士さんのお宅を家族で訪ねたそうです。そこには、売れ残ったゴールデンレトリーバーの仔犬が1頭。青山さんは、またシェパードと暮らしたいと思っていたのですが、どういうわけか話がまとまり、その場でその子が家族になることが決まりました。その子はエリーちゃんと名付けられました

青山さんが獣医師になろう、と、決めた直後のことだったそうです。

金色の毛をなびかせて走るエリーちゃんは愛らしく、すくすくと成長し、ご家族のアイドルのような存在だったのですが、6歳の時にリンパ腫を発症、余命3か月と宣告を受けました。

すでに大学の獣医科の6年生だった青山さんは、もう助からないとあきらめながら、何かをせずにはいられなくて、無理矢理ゴハンを食べさせ、薬を飲ませたそうで、エリーちゃんは抗がん剤の副作用に苦しみ、発病からたった1か月半で旅立ちました。

たくさんの幸せをくれたのに、エリーには何もしてあげられなかったどころか、かえって苦しめて一生を終わらせてしまった、と、ずっと後悔していたという青山さんが、「12年前に亡くなった犬でも、アニマルコミュニケーションしてもらえますか？」と連絡をくれた時、彼女は獣医になっていました。

獣医は獣医でも、ホリスティックな治療をする獣医を目指し、アメリカまで鍼治療を学びに行ったり、オーストラリアでプールを使ったリハビリテーションを学んだりしていました。

「エリーのことがきっかけで、ホリスティックな世界を選びました」と。

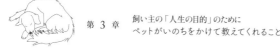

エリーちゃんは、赤いバンダナを巻いた姿で颯爽と現れ、私の周りをビュンビュン回りながら、「私は青山エリーです」とハキハキ答えてくれました。

エリーちゃんは今、光り満ちてまばゆく、あたたかく幸せな場所で、たくさんの動物達と過ごしていると教えてくれました。牧場と森を足したようなところだから、牧場と森に住んでいる動物達がいるのでしょう。

とても可愛がられて、すごく幸せないい人生だったと話すので、病気の時は苦しかったのではないですか、と尋ねてみました。


「苦しかったけれど、短い時間だったし、病気になることに意味があったの。

私はメッセンジャーだったの。

新しい風を吹かせる鍵をお姉ちゃん（青山さん）に渡すこと。

お姉ちゃんは、ちゃんと鍵を受け取ってくれたわ」


どうやらエリーちゃんは、今、青山さんがホリスティックな獣医を目指し、修行中の身であることも知っている口ぶりでした。

ひどいことがないと心のフタが開かない

生前の最後の治療は、やはり辛かったようですね。

「でも、すべて必要なことだったの。
ひどいことがないと、心のフタが開かないわ。
立派にお役目を果たせたと思うから、立派だったねって言って欲しい。
お姉ちゃんが、新しい獣医さんになることを応援しているわ。
（お姉ちゃんにメッセージさせてね）
お姉ちゃん、エリーです。
エリーの思う通りの道を歩んでくれてありがとう。
エリーはお役に立てて大満足です。
最後の病気で肉体が辛いのは、私が選んだことだから、もう気にしないで。

私が託した道をこれからも歩いていってね。
ヒントが欲しい時には、私のことを思い出して。
きっといいアイディアが浮かぶわよ」

亡くなってから12年経っても、青山さんのことを見守っていたんですね。使命を全うできた喜びと自信にあふれていたエリーちゃん。彼女がしていた赤いバンダナは、小さい時に巻いていたものだそうです。赤いバンダナを巻いたエリーと一緒に写真を撮ったことを思い出しました、と、青山さんが教えてくれました。

青山さん、獣医学生の時の体験はお辛いものでしたね。エリーちゃんの、「ひどいことがないと心のフタが開かない」というお話にドキッとしました。

今、ペットのことで辛い体験をなさっている方がいるかもしれません。その体験は、ペットがあなたの人生のために、引き起こした事件かもしれません。だとしたら、いいえ、そうでなくても、きっと乗り越えられる日が来ると思います。そう祈っています。

殺処分寸前に駆けつけさせた前世からの絆

ペットはいつも飼い主さんの幸せを願い、飼い主さんが飼い主さんらしく人生を歩むためならいのちを投げ出しても惜しくない……くらいの情熱で、あなたを応援しています。アニマルコミュニケーションで、ペットから遺言のようなメッセージを聞き、自分を奮い立たせて奮闘した飼い主さんもいます。

内田ナミちゃんは、推定12歳のゴールデンレトリーバー。2年前、元の飼い主さんが保健所に持ち込んだワンコです。

動物保護団体が、保健所で殺処分の日を待つだけの犬達をホームページで紹介していて、たまたま、そのページを見た内田さんは、なぜか、私が行かなくちゃ、と、思ってすぐ行動。ナミちゃんを引き出して里親になりました。ナミちゃんの殺処分予定日の前日だったそうです。

それから2か月後にナミちゃんは骨肉腫を発症。断脚手術をしたとしても、その後の1年生存率は極めて低いと獣医師からは言われたそうです。

まだ、お互いに意思の疎通がしっかりできていない時期だったこともあり、イヤなことをすると信頼関係を築くのが難しいかも……と少し悩んだそうですが、生きていて欲しい一心で、右前足を断脚。

私にアニマルコミュニケーションを申し込んでくださったのは、断脚から2年が過ぎた頃でした。


アニマルコミュニケーションで、ナミちゃんは、お母さんが聞きたかったいろんなことを教えてくれたのですが、その中に、お母さんと小さい時に一緒に暮らしていたから、また出会えてうれしい、という話がありました。

内田さんはご実家で、犬・猫・うさぎ・にわとり・ハムスターなど、たくさんの動物と暮らしていたので、どの動物がナミちゃんの前世だったかはピンと来ないとのことでしたが、「だから、動物保護団体のホームページで、ナミの写真を見た瞬間、私が行かなきゃと思ったんですね」と、メールでいたく感激なさっていました。

再会できたナミの余生に寄り添って、女同士仲良く暮らします、と、うれしそうでした。40歳台の内田さんのお家のペットは、男の子ばかりだったそうです。

異次元空間の神殿でヒーリング

骨肉腫が再発しないよう願いながら、老犬のナミちゃんと静かに暮らしていた内田さんから、あわただしくメールが入ったのがこの1年後でした。

「ナミが急変して、呼吸困難の状態が3日続いています。あとどれくらいもつかわかりません。でも、必死に生きようと頑張ってくれています。緊急でヒーリングをお願いできないでしょうか」

たまたま他のペットのためにコンディションを整えていたので、予定していたペットに加え、その日じゅうにナミちゃんのヒーリングも行なうことができました。

アニマルコミュニケーションは、お話しすることがメインですが、ヒーリングは、心身のエネルギーを整えることで、自然治癒力を活性化させるきっかけを作ることがメインです。私の場合は、異次元の空間にある、その動物の神殿に一緒に行き、動物が神殿のお部屋で、天界からの光を浴びる様子を観察し、その様子を飼い主さんに報告する……というオリジナルなヒーリングを行なっています。ヒーリングしながら交信もします。

ナミちゃんとつながると、
「まず、お母さんに、ありがとう。
本当に出会えて幸せでしたって伝えてね。
13歳って長生きなのよ。
私は病気を持っているのに、こんなに長く生きたわ。
楽しいこととか、美味しいものとかがあったからね。
充分楽しんだと思ってるの。
お母さんとも会えたしね。
またきっと会えると思うわ」
と、おっしゃいました。

神殿では、天然石のムーンストーンの光の柱を選び、その光を浴びて心地良さそうでした。ムーンストーンは、ナミちゃんいわく、「優しい優しいお母さん（内田さん）」なのだそう。そのムーンストーンがいつの間にかローズクォーツに変化し、神殿の光が淡いピンクからだんだん濃くなって、神殿のクリスタルもピンクの濃いものがあちこちに見えて来ました。

「ポップなピンクが好きなの」とナミちゃん。

ナミちゃんが幸せを感じる色に染まった神殿も美しかったです。

「必要なことが起きるのよ」

呼吸困難で苦しんでいるのに、そんなのんきに話せるのかと疑問に思われる方もいらっしゃるかもしれませんね。アニマルコミュニケーションで、魂の深い層とつながった場合は、現実の肉体の状態に左右されることがほとんどありません。

実は今回の発作は、病院での処置がこわくて、ナミちゃんがパニックを起こしたことによるものだったそうで、一時は心肺停止状態になったのだそう。ナミちゃんのノドの調子が気になった内田さんが、ご友人の勧めもあって、セカンドオピニオンを受けに行った病院でのことでした。

内田さんは、私のせいなんです、と、たいへん落ち込んでおられました。

2回目のヒーリング時、ナミちゃんにそのことを伝えると、

「えー、お母さんのせい？

そんなことないわよ。

自分を責めるのが上手ね。

でも、それは解決にならないの。

私のために一生懸命考えて迷って決めてくれたことを、私、見てた。

私のためにありがとう。

（こわくて驚いて暴れた）私こそ、はしたなくてごめんなさい。

なんでも自分のせいだと思うのは、やめたほうがいいわよ。

必要なことが起きるのよ。

たぶん、私に必要だったんだと思うわ。

それがなくては次に進めない何かね。

そういうものがあるのよ。

いいことの時もあるし、あまりいいことじゃない時もあるでしょう。

今回は幸い、またこうして、おうちで静かに一緒にいられるんだから、良しってことだわ」

お母さんの夢を叶えるために生まれた！

報告書を読んだ内田さんからのメールには、

「どちらがお母さんかわかりませんね。

実は、ナミの体調のことを考えると、今までのように留守番生活をさせるのは無理だから、ナミと一緒に過ごせるよう、カフェをオープンすべく準備を進めている最中だったんです。なのに、こんなことになってしまって。

夫は予定通りの日にオープンさせたいようですが、ナミの容態が落ち着くまで、カフェのオープンを遅らせたいと思っています」

と書いてありました。

カフェは昔からの夢だったそうで、ナミちゃんの病気がカフェを開くという夢をぐっと後押ししたということらしいです。そんな壮大な計画が動いていたとはビックリしました。

次のヒーリングの時に、カフェのオープンについて聞いてみると、予定通りの日にオープンするほうがいいと伝えて来ました。

食べ物についての注文や、お母さんからの質問へのお返事、体の状態について、うれしかったこと、お母さんへの助言や感謝など、3日間でナミちゃんはたくさん話してくれました。それは明るくユーモアたっぷりなナミちゃんの遺言でした。

ナミちゃんは、自分が光の国に帰る日が近いことを感じていたんですね。

「お母さんが見つけてくれなかったら

家族の幸せもわからなかったし、
母の愛も知らなかったし、
おいしいご飯も食べられない人生だったわ。
お母さんや家族との暮らしは、全部、私の心と身体の栄養になったわ。
そして私、お母さんの新しい道をサポートできたかしら？
自分を生きてね、お母さん」

ヒーリングで呼吸が落ち着き、食欲も出て来て、夜もぐっすり眠れるようになったナミちゃんを見て、内田さんは予定していた日にカフェをオープンさせました。

オープンの日だけは、ナミちゃんも看板犬として一緒にお店で過ごしたそうです。

カフェの名前は「ナミ・カフェ」。

後日、お写真を送ってくださったのですが、ナミ・カフェにいるナミちゃんは、とても幸せそうな笑顔でした。

カフェのオープンを見届けたナミちゃんは、それから1か月程経った、カフェの定休日前日の夜、光の国へ帰ったそうです。翌日の定休日には、みんなで良いお葬式ができたのだとか。定休日の前日の夜に逝くところがナミらしい、と、内田さんは誇らしげでした。

内田さんもまた、ナミちゃんとは過去生からの深い絆で結ばれていたのではないでしょうか。そして、今生で再び、内田さんの夢を叶えることがナミちゃんの使命だったのでしょう。こんなふうに、人間とペットは、何度も何度も転生しながら、再び出会い、お互いに学び合い、愛し合って、いのちを輝かせるのですね。

ダックスフンドのルナちゃんのカート

いのちの灯火が消えようとしている時、最後のお願いという形で、ご家族が封印していた夢を解放した犬もいます。

川上家のルナちゃんは、16歳のシニアなダックスフンド。

パパとママの愛情にはぐくまれて、16年間のんびり幸せに暮らしていました。ママと私は、犬の自然療法を学ぶ講座のお仲間で、ルナちゃんには講座でお会いしたこともありますし、何度かアニマルコミュニケーションをさせていただいたこともあります。

パパはグラフィックデザイナー、ママはウェブデザイナーというデザイナー一家です。

数年前から、ヘルニアのために鍼治療に通っていたルナちゃんに、ママは遠距離移動のためのカートを購入したいと考えていました。でも、カートに入って移動するのがイヤじゃないか、どんなカートだったらいいんだろう、ルナと相談したいな、と、アニマルコミュニケーションを申し込んでくれました。

依頼書には、カートの写真が2つ添えられていました。ひとつは、スタイリッシュな紫色のカート、もうひとつは少しコンパクトな茶色のシックなカートでした。

私なら、自分が使いやすいカートを選ぶと思いますが、川上さんご夫妻は、カートに乗るのは、ルナだからルナの意見は大切だ、と、お考えのご様子でした。ルナちゃんは痛みを伴うお病気があるので、カート内で快適に過ごせることも重要でした。

なるほどねー、と、思いはしたものの、カートについてペットの意見が聞きたいなんて、デザイナーという職業柄なんだろうな、と、興味深かったです。また、ペットがカートについて、意見を持っているともあまり考えていませんでした。が、ルナちゃんは、形についてではなかったのですが、「女の子だからといってピンクはやめてね」と、キッパリ。

意見があるんだ、と、びっくりしました。それを聞いたママは、「私もピンクは選ばないけど、ルナもピンクが好みじゃないんだぁ」と、面白がっていました。

後日、カートの試乗に出掛けたら、試乗用のカートがピンク色だったので、ママは一瞬、乗ってくれないかも……と心配しましたが、ルナちゃんはちゃんと乗ったそうです。アニマルコミュニケーションで事前に、ピンクは選ばない、と、わかっていたからだと思う、と、ママにも喜んでもらえました。

「パパ、絵を描いて飾ってね」――最後のメッセージ

それからしばらくして、ルナちゃんは腎不全の症状が悪化し、その後、容態が急変。

とうとう血栓で両足が動かなくなり、肝性脳症の症状も出て、危篤状態に陥りました。ママは、彼女に感謝を伝えたいし、彼女からのメッセージを聞きたい、旅立ったあとからでも、して欲しいことがあれば教えて欲しい、なんとか穏やかに旅立ってもらえれば、と、アニマルコミュニケーションを申し込んでくれました。「最後の時を過ごしています」なんてメールにあったからでしょうか、すぐにお話をしなくては、という気持ちになり、その日の午後に交信しました。

ルナちゃんは、ママとは美的感覚が合うこと。手作りゴハンが美味しかったけれど、最近は体力がなくて食べられなかったこと。食べなくても、愛情を込めて作られたゴハンの綺麗なエネルギーに助けられたことなど、たくさん話してくれました。

「ルナね、ママもパパも大好き。
特に、かっこいいパパが忍耐強くお世話してくれて、なんか至福を味わった。
すごく愛情深かった。
ルナ、パパの子で良かったー。みんなに自慢のパパ。

絵を描いて飾ってね。
小さくていいから。
ほかの子の絵も描いてあげると喜ばれるよ。

人生の後半、パパとずーっと一緒にいれて本当の本当に良かった。
ルナのためにありがとう。

この数か月、1日の大半を〝犬の介護〟という
まったく慣れないことをやってのけてくれたんだものね。
自由になったら好きなことをして、いったん心と体を休めてね。
じゃないと過労が後から来る。
パパ、大好き。もうしばらくよろしくだよ」

パパへの、ルナちゃんからの最後のメッセージでした。

グラフィックデザイナーとして、長年、商業ベースの仕事を続けて来たパパですが、実は、画家になりたい、という夢を持っていたそうです。仕事が忙しくて、夢のことは心のどこかに置き忘れ、日々を過ごしていたパパですが、大量の絵の具や油絵のセットなどを部屋の片隅にどかんと置きっぱなしでした。

ママにはそれが、夢の残骸のように思え、使わないなら捨てて欲しいと何度もお願いしたそうです。未練がましいパパを嫌いになりそうだったと言います。

でも、ルナちゃんのメッセージを聞いたママは、パパが不器用だったことを思い出しました。一番したいことができない人……。だからルナが、パパの一番したいことを見抜いたんだ。それが絵を描くこと。ルナは、パパに自分を解放してもらいたいと思ってるんだな、と。

最後にいのちをかけて大事なことを

ルナちゃんからのメッセージを聞いても、絵を描こうとしないパパに、ママは、ルナが生きているうちにスケッチして、亡くなってから写真を見て描くのとは、エネルギーが全然違うと思うから、と訴えて、介護メモの片隅にその日のルナちゃんを描いてもらったそうです。ママも、パパのそばでルナちゃんをスケッチしたのだそうです。ルナは、それぞれのルナを手で覚えておいて欲しかったんですね……。

それから3日後の夜、ルナちゃんは、ママのストールに顔を埋めて眠るように静かに旅立ちました。

つきっきりで看病していたパパは、しばらく放心状態だったようです。アニマルコミュニケーションでルナの思いを知って、なおさらだったと思う、とママ。ルナちゃんが、パパに「絵を描いて」と言ったのは、夢を実現して欲しかったからなのでしょう。川上家のリビングには、ルナちゃんのスケッチが2つ、綺麗に額装されて飾られています。

パパはまだ、何もする気になれないようですが、ルナちゃんを見る度、自分の夢が揺り起こされるのを深いところで感じていらっしゃるのではないでしょうか。

ルナちゃんの絵、私もメールで送っていただいて拝見しました。

介護のメモに、えんぴつで描かれたお顔は、線が綺麗で、優しい愛情を感じました。

絵を見る度に、ルナちゃんの思いがパパのハートに届くでしょうから、もう夢を封印することはできませんね。


こんなふうに、最後の最後にいのちをかけて大事なことを伝えてくれるペットも多いのです。たぶん、彼らはいつも、何かを訴えたり、気付いてもらえるよう、信号を送ったりしていると思いますが、私達は、日常が忙し過ぎて、それになかなか気付くことができません。

柴犬のゆめがもたらしてくれたこと

とっても綺麗な柴犬のゆめちゃんとご縁をいただいた時、彼女はすでに「光の国」の住人でした。

ゆめちゃんと2人暮らしだったママの悲しみは深過ぎて、気持ちが麻痺してしまったみたいで、周囲の人に「もう大丈夫」だとか「ペットロスからは立ち直った」と言っていました。ですが、悲しみにフタをして、そのことに気付かず、今まで過ごしていたようです。心配したご友人がアニマルコミュニケーションを勧めたそうで、ママもその気になったのだとか。

ゆめちゃんからのメッセージを聞いたママは、何度も何度も私に感想のメールを書きかけては、思いがあふれて挫折。私がメールを受け取ったのは、交信から2か月が経った頃でした。そこには、ずっとペットロスでいたいと書いてありました。

過去生で一緒だったことがある？　とのママの質問に、ゆめちゃんは「カモメだった時」と答えました。漁師だったママに助けられ、しばらくママの村で暮らしましたが、カモメだったので、空の誘惑に勝てず、ママの元から飛び立ったのだそう。漁師だったママは、季節がくれば、また会いに来てくれるんじゃないかと、カモメを待っていましたが、とうとう姿を見ることはなかったようです。

どんなに時間が経っても、何かゆめちゃんとの記念日が巡って来た時には、思い出して悲しいと思います。これからは、そのような不意に顔を出す悲しみと、二人三脚で人生を歩むことになるから、一生ペットロスで……というのもありですね、と、ママにメールをすると、安心なさったようでした。

「麻布大学の先生が、犬と一緒にいると、幸福ホルモンが出て、病気にかかりにくく、実際に、病院への通院率は低い、というデータの話をしていました。それを聞いて私、地域に密着した、犬と気軽に立ち寄れるカフェをやりたいな、と、思いました。カモメだったゆめには、待ちぼうけをくらわされたようですが、これからはそこでずっとゆめを待っていたいです」

と、またお返事をくださいました。

素敵な夢だなぁと思っていたら、それから2年後に、犬を同伴できるレンタルスペース&カフェをオープンなさって驚きました。いつかできたらいいなぁというレベルの話だと思っていたからです。

レンタルスペースでは、犬のマッサージレッスンやしつけ教室、犬のお誕生日会などが開かれ、犬と人が楽しく集っているようでした。小さなカフェ・スペースでは、健康にこだわった手作りジュースや素材の良いロールケーキも評判だとか。

あれからずいぶん時間が経って、ついこの間、6周年を迎えたとのこと。インスタグラムに、おめでとうございます、と、コメントすると、「くじけそうになると、ゆめが支えに現れます」との返信。今度は、待ちぼうけじゃなくて、ゆめちゃんが光の国から応援してくれているようで良かったです。


ペットが教えてくれること。

それは、愛からもたらされる気付きや、魂の目的、今生の夢。

彼らは、過去生からの約束を守って、再び、あなたと巡り会うために生まれています。今、あなたのかたわらに、温かい体温があるのなら、どうか、ゆったりその子と触れ合う時間を持ってみてください。時に呼吸を合わせたり。

すると、ハートとハートのエネルギーが交流し、魂の願いを思い出すかもしれません。

ペットは、愛を体現する純粋な存在だからです。

第4章

最後の愛の贈り物

ペットロスがこんなに辛い本当の理由

ペットロスの原因にはどのようなものがあるか？

ペットと暮らし始めた時から、いつかはお別れが来ることはわかっていても、頭で理解していることと、実際に感じることには大きな隔たりがあります。一緒にいた時間、絆を育み、思い出を重ね、大きな愛の時間を過ごしてきたので、目の前からそれらが消失することによるショックや負の思いは、相当なものでしょう。

ペットを亡くした直後は、序章でもお話させていただいたように、ペットそのものを亡くす他に、時間や空間やペットに愛された自分までもが、一瞬、消失するので、ショックや動揺が大きいのです。

ペットを失くすというと、「ペットとの死別」が筆頭にあげられますが、実は、ペットを失くすパターンはそれだけではありません。また、死別だとしても、老衰で亡くす場合もあれば、闘病の末ということもありますし、まだ幼いペットだったり、交通事故などで突然のお別れという場合もあるでしょう。

飼い主さんが抱える悲嘆は、少しずつ違う表情をしていると思います。死別の場合は、もう会えないという事実が、さまざまな思いを引き起こします。

「行方不明」も、死別とはまた違う悲しみと後悔を引き起こします。

多いのは、旅先で迷子になったり、花火大会で大きな音に驚いて、どこかへ行ってしまったり。おうちにいても、突然の雷で外に飛び出してしまったということもありますね。ペットと楽しい時間を過ごそうと思ったのに、反対に激しい後悔を生む結果を引き起こしてしまうことになります。

保健所や警察に届けを出し、動物保護施設に問い合わせたり、チラシを作って配ったり、ＳＮＳに投稿したり、毎日、探しに出掛けたり。あらゆる努力の末、見つかれば良いのですが、時間が経てば経つほど、生きているのか死んでいるのかもわからず、不安定な気持ちを抱えることになります。

獣医療の進歩が目覚ましくなると同時に多くなって来たのが「安楽死」ではないでしょうか。ペットが不治の病を患い、治療法が見つからない場合、獣医師から勧められることがありますね。末期がんなどで、かなりの痛みを伴ったり、動物が非常に苦しんでいるのを見るに見かねて、飼い主さんから獣医師に、安楽死をお願いするケースもあります。

安楽死をさせるにしても、させないにしても、いずれも飼い主さんにとっては究極の選択です。本当はどちらが良かったのだろうか、自分が選択したが、そうではないほうが良かったのではないだろうか、と、思い悩むことが続くでしょう。そして、どちらを選択したとしても、後悔してしまうのが安楽死と言えるかもしれません。

でも、動物は飼い主さんの決定を否定したりはしませんよ。飼い主さんの決定だから従うという意味ではありません。飼い主さんと動物は特別な関係で、心の深いところでしっかりつながっています。

そして、飼い主さんが思い悩んで決めたことは、実は、飼い主さんだけが決めたわけではなくて、動物が同意し、決定を促したからこそ、そちらに決めることになった……という場合がほとんどのように思います。

ですから、飼い主さんが究極に思い悩んで出した結論ならば、その結論は、あなたのペットが賛同したいほうの内容だと思います。

「安楽死」を選んだあるご家族

最近は、安楽死についてのご相談も幾つかあります。

以前のことですが、認知症になった愛犬の夜泣きがひどく、飼い主さんはもちろん、ご家族全員が極度の睡眠不足に陥ってしまい、目眩《めまい》等の体調不良も出て来たため、このまま家で介護を続けるのは難しいのだけれど、私達と離れて老犬ホームで暮らすという選択に愛犬が同意するとも思えない。どうしたいか聞いて欲しい、というご依頼がありました。獣医さんから処方された睡眠導入剤も効かなくなってしまったそうです。

自然療法の講座で私がたいへんお世話になったご家族で、愛犬をとても可愛がってらっしゃることもよく知っていました。

私は、アニマルコミュニケーションをする前、飼い主さんに「もし、安楽死を望んでいるようであれば、ご家族全員同意のもと、安楽死をさせてあげることができますか？」と聞きました。飼い主さんは、愛犬が望んでいるのであれば、どんな努力もいといませんとおっしゃいました。

結局、その犬は、自分らしく生きることがもう難しいし、家族と離れて生きていても意味がないので、できれば、光の国に還るのを手伝って欲しい……と伝えて来たので、かかりつけの獣医師に安楽死をお願いすることになりました。

しかし、人間の勝手で老犬のいのちを断とうとしている……と勘違いした獣医師から安楽死を断られてしまい、ご家族は、事情をわかってくれそうな先生を探すのに奔走することになりました。

ご家族の愛犬の望みは、「光の国に還るお祝いのセレモニーをしてから、みんなのいるおうちでお願いしたい」ということだったのです。ん？　お祝い？　と思いますよね。光の国は、動物にとって魂の故郷です。今生、ご家族のお役に立てたから、故郷に錦を飾る……というような意味で、そう言ったのだそう。

ようやく引き受けてくれそうな獣医師と巡り会ったご家族は、仕事で遠方に住むご子息にも連絡し、セレモニーの日は、なんと半年ぶりにご家族全員が揃ったのだそうです。ひとりひとりがワンコにお別れと感謝を告げて、お花を捧げ、心温まるセレモニーの後、誠実な先生が、ご家族全員とワンコの気持ちを受け止めて処置をしてくださり、ご自宅で無事、見送ることができたそうです。

こうして奇跡的に愛犬を看取ることができた！

同じ頃、「実家の犬が病気で苦しんでいるのだけれど、もう長くない。犬の世話をしている母親は、苦しそうで見ているのが辛いし、もう長くないのであれば、苦しみから解放してあげたい、と、言っているのだけれど、あと1週間くらいのいのちならば、私はいのちを全うさせてやりたいんです」という連絡が来ました。

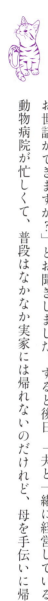

彼女は、私が主催した植物療法の講座に遠方から参加してくださったり、愛犬達のアニマルコミュニケーションを依頼してくださったりして、私も良く知った方です。この方のご主人は獣医さんで、ご主人の見立てでは、ご実家のワンコは、あと1週間のいのち。

私は、「もし、ワンちゃんがいのちを全うしたいと言った場合、お母様は最後までお世話ができますか?」とお聞きしました。すると後日、「夫と一緒に経営している動物病院が忙しくて、普段はなかなか実家には帰れないのだけれど、母を手伝いに帰ることにしました」とメールが来ました。

ご実家のワンちゃん、最初は彼女の愛犬だったのだそうです。お嫁に行く時、ご両親から「せめて犬は置いて行ってくれるよね？」と念を押され、もう若くない犬のことも考慮し、しぶしぶ実家に置いて来たとのこと。今回は、精神的にも参っている母親をサポートすることが目的だけれど、少しでも愛犬の介護にたずさわることができたら、自分もうれしい……というお気持ちだったようです。

その後、ワンちゃんが亡くなったという知らせが届きました。

「3日程、母を手伝い、母も落ち着きを取り戻し、犬も辛そうではあるけれど、何だか悟っているような面持ちで、私と会えたことを喜んでくれたような気もします。母が最期まで面倒を見て看取ると言ってくれてほっとしました。帰宅しようと新幹線を予約したのですが、なんと暴風雨で新幹線が止まってしまい、実家にもう一泊することになりました。こんなに家を空けたことがなかったので、困惑しましたが、おかげさまで、実家のワンコを看取ることができました」

獣医であるご主人の予測通り、あれからちょうど1週間だったそうです。

この件は、ご相談をいただいただけで、私は何も貢献していませんが、彼女がご実家のお母様を思って行動したことで、お母様は娘さんと愛犬の介護を分かち合うことができ、精神的にも落ち着き、肉体的にも楽になり、なかなか望めない娘との時間を持つことができました。ご相談者さんは、親孝行ができ、愛犬孝行もでき、ご自分が望んだように安楽死を避けることができました。そしてご実家の犬は、最後になつかしい人にお世話をしてもらうことができ、新幹線を止めて（!）看取ってもらうこともでき、きっと幸せな最後だったのではないでしょうか。

この連絡を受け取った時、三方良しってこういうことを言うのかなって、清々しい気持になりました。

飼い主の出した結論こそがペットの考え

安楽死をして良かった場合と、しなくて良かった場合のお話でしたが、もし、あなたが、愛するペットの安楽死を考える場合には、ご自身でよーく考えてください。動物の状態や余命、動物がおうちにやって来た理由は何か、動物の性格や生き様から考えられること、ご自身のお気持ちや体調等、いろんな角度からしっかり考えて結論を出してくださいね。

そうして出た結論であれば、安楽死をすることであろうと、安楽死を回避することであろうと、あなたのペットの気持ちも乗った結論だと思います。

よく考えて決めたけれど、決めた内容についての意見をペットから聞きたいということであれば、アニマルコミュニケーターに聞いてもらうのもひとつの方法ですが、ペットのいのちを左右することでもあり、コミュニケーターにとって、その交信には相当な覚悟が必要です。

私も、この2つの例の飼い主さんとは、信頼関係がすでにできていて、ペットについての考えもよく理解できていたので、自分がぶれることなく、お引き受けできました。

動物と飼い主さんは特別な関係です。過去生から何度も一緒にいのちを輝かせてきた仲だからこそ、ペットのいのちに関しては、ご自身が責任を持って決めましょう。

ペットはあなたを選んで生まれて来ています。あなたと一緒に経験する一連のことがペットの魂の成長に必要なことです。そして、あなたの魂を輝かせるエッセンスを持って彼らはあなたの元へやって来ています。そのような深い絆を育んで来た関係だからこそ、ペットのいのちの采配を決めるのはあなたです。

安楽死は、飼い主さんやペットが望むだけでは、実行が難しく、獣医師との関係も今後の課題と言えそうです。飼い主、ペット、獣医師の3者で意見を交換できる日が来るといいなぁと思っています。動物自身が、安楽死を含む獣医療に意見を持つことができるようになればより良いと願っています。

ペットロスの内容はひとりひとり違う

ペットロスには、どのようなものがあるか、というお話に戻ります。

迷子ではなく、人間関係による「生き別れ」というのもあります。

離婚により、パパかママのどっちかがペットと暮らし、どちらかがペットを失う。どちらもペットを愛していた場合、ペットと暮らす権利を失ったほうは、悲嘆もさることながら、ペットを守れなかった情けない自分を嫌ったり、相手に憎悪を募らせる場合もあります。

離婚のほかにも、同棲の解消や、恋人との別離で恋人のペットと別れざるを得ないだとか、両親の離婚により、子供達がペットとの別離を余儀なくされる場合もありま す。私も、両親のトラブルでペットと別れて暮らすことになりました。

そして、年老いたペットや闘病中のペットと暮らしている飼い主さんに多いのが、もうすぐペットを失うかもしれない恐怖。

「カウントダウンによるロス前のペットロス」と言えるかもしれません。

高齢だったり、闘病中のペットは、普通よりもお世話に多くの時間を費やすことになります。経費もかかるかもしれません。すると、ペットとの関わりが心身共に増えた飼い主さんの中で、密かにいのちのカウントダウンが始まる場合があります。

いなくなったらどうしよう、もうすぐお別れなのではないかなど、ペットを失くす恐怖心によるもので、時間の刻み方とは関係なく、恐怖に囚われれば囚われる程ロス度が増します。

ざっくりあげただけでも、ペットとのお別れにはいろんなケースがあります。ペットとの係わり方や飼い主さんの感情の感じ方等も考慮すると、ペットロスというのは、ひとつひとつまったく別のものと言えると思います。個人の感情……だからです。

Ａさんと Ｂさんが、同じ環境で、同じ種類・同じ年齢・同じ性別のペットと暮らし、同じ原因で同じ日に動物を亡くしたとしても、ＡさんとＢさんのペットロスが同じ内容かと言えば、違うと思います。ＡさんとＢさんは、違う人生を歩み、違う考え方をしているからです。

ペットロスは悲嘆作用。ペットを失ったことが原因で、悲しんだり嘆いたりする状態のことをペットロスと表現します。

たまに、病気と思っていらっしゃる方がいますが、それは、ペットロス症候群。ペットを失ったことが原因で、心身のバランスを著しく崩し、眠れなかったり、自殺願望が出て来たり、辛さのあまり日常生活が破綻する等の症状が出て来た場合は、治療が必要な病気と見なしますが、悲しくても辛くても、なんとか生きていられる場合は、病気ではなく心理的な作用と考えます。

ペットが原因の悲嘆作用が起きましたね、というところは同じでも、ふたを開けるとひとりひとり中味は違います。そんなこともあって、ペットロスになった場合は、孤独に陥りやすいのです。

ペットは人に愛を教え、人は愛をもって地球の世話役を全うする

先に述べたように、ペットロスには死別以外も含まれますが、本書では、主に死別した場合を考えてきました。

ペットとの死別は特別に悲しい。ある人は、自分の親が亡くなった時より悲しく辛いと言い、またある人は、心神喪失状態でしばらく何もできなかったと言います。

ペットを亡くすと同時に、ペットと過ごした時間・空間・環境・生活・そしてペットに愛された自分までをも一度に全部、失くしてしまうことから来る、一言では語れない悲嘆を感じるからですね。

実はこの時、魂レベルでも大きな出来事が起きています。

何度も繰り返していますが、ペットと飼い主さんは「特別な関係」です。過去生から何度も転生し、毎回とは言いませんが、同じタイミングで地球に降り立ち、出会って関係を築き、学び合い、愛し合い、ひとつことを成し遂げ、再び会う約束をして、それぞれの天界へと還ります。これを繰り返しながら、魂を磨き、大いなるものとひとつである光になることをめざし、ブラッシュアップします。

ペットの今生の目的は「飼い主さんご一家の幸せに貢献すること」。それがペットの魂磨きとなります。ペットは愛を体現する純粋な存在。そのような彼らが種を超えて私達をサポートしてくれるのはなぜなのでしょう。

それは、地球での人間の役割にあるのではないか、と、思います。人間は本当ならば、地球の世話人です。

人間以外のあらゆるいのちは、ただただ本能的に自分らしく地球をエンジョイしているだけです。各々が置かれた立場を受け入れていのちを輝かせています。ただ、それだけで自然は神秘的なバランスを保ち、循環しています。

ちょっと違うのが人間です。人間は思考を持ち、ほかの生き物のことを考えることができます。思考は、地球ですべてのいのちを幸せに輝かせるために使われるはずでしたが、人間が自分達のことだけを考え、便利な暮らしへと走ったがため、地球は大きくバランスを崩しました。その結果、自然の営みでは浄化が追いつかず、大気汚染や公害などによる自然破壊に人も動物も植物も苦しむことになりました。

そこで、エゴの視点ではなく、愛の目を持って調和的に思考を使えるよう、人間を地球の世話人として育て直す必要が出て来ました。ペット達がそのお役目に一役買っていると思います。ペットは人に愛を教え、人は愛を持って地球の世話役を全うし、地球は3次元から5次元へと次元上昇を果たします。

ペットと飼い主さんは、1対1の関係でありながら、各家庭が愛によって周波数を整えることで、地球全体を整える共同創造に参加しているのかもしれません。

だからペットは、飼い主のそばにただ寄り添い、見守ってくれるだけではなく、今生の目的を果たすためのサポートをしてくれたり、愛情のバランスをとってくれたり、飼い主が本来の自分を生きるためのヒントを与えてくれたりと、癒してくれるだけでも充分なのに、とても大きな使命を持ってやって来てくれるのです。

私達のためにやって来てくれるのに、先に逝ってしまうことで、時間・空間・感情・エネルギーレベルでも大きな穴が各所にぽっかり空いてしまうのですね。

ですが、ぽっかりあいた穴は、良きことで満たされることになっています。

過去の悲しみがよみがえる時

ペットはかけがえのない存在です。

ペットは純粋な存在であるがゆえに、私達の純粋な部分が反応します。

普段、外側の圧力で小さくなっている魂の部分が、ペットの純粋さに共振共鳴して目覚めるのです。純粋な部分が振動することで、魂の外側にぺたぺたついていた部分が剥がれてゆきます。剥がれるのは、過去生から持ち越して来た今生の、でももう必要ない悲しみや苦しみの感情。意識の奥底に張り付いていたそれらを飼い主のハートからセパレートするのがペットのお役目です。

ペットの純粋さに魂が共振共鳴した結果、剥がれた感情がハートの中や意識に立ち上ってきて表層に現れます。表層というのは、意識の一番浅い層で、普段の感情等の場所です。私達は、ペットが亡くなった悲しみの感情と、過去や過去生から持ち越してきた悲しみの感情をダブルで感じ、それを普通に悲嘆感情として感じてしまうので、ペットを失った悲しみは尋常ではなくなるし、時に悲しみだけでは終わりません。

アニマルコミュニケーションのクラスでご一緒したことがある三石さんの愛猫・ミルキー君が17歳でこの世を去りました。妹さんと2人暮らしで、ミルキー君は唯一の男の子としても存在感が大きかったと言います。

喪失感もかなりのものだったようですが、「不思議なことに、ミルキーを失ったことをきっかけとして、なぜか母親が亡くなった時のことばかりが浮かび、そのことで毎日泣きました」と三石さん。

聞けば、母上が亡くなった時には喪主として、お通夜やお葬式などの一連のことをこなさねばならず、四十九日までバタバタし、気付けば涙を流す間もなかったのだそう。その悲しみは三石さんの心の底に張り付いてご自身と一体化してしまっていたのでしょう。

ミルキー君という純粋な存在が三石さんの魂部分と共振共鳴したことで、感じることなく封印していた母親との死別の悲しみが浮上し、お母さんのことでやっと泣くことができたそうな。

もし、三石さんがお母上が亡くなった悲しみを自分と一体化させ、ずっと持ち歩いていたとしたら、悲しいことがある度に、目の前の悲しみと同時に、心の奥底に張り付いていたお母上を亡くした悲しみまでもが反応し、小さな悲しみを大きな悲しみと感じてしまったことでしょう。

悲しみも痛みと同じく、ネガティブな感覚ですから、辛いことを大げさに感じてしまうより、本来のサイズ（等身大）で感じたほうがマシでしょう。精神的なマイナスの影響が、自分や周囲の心身にオーバーに響き渡らずに済みます。

悲しみは涙とともにどんどん出そう

過去生から持ち越して来た感情が反応する場合には、今生の自分の人生ではないところに、感情が翻弄されることになってしまいます。外側から一枚ずつ剥がしていると、いつ剥がし終わるのかわかりませんが、私達が持っている魂の純粋な部分がペットの純粋な魂に共振共鳴した場合、外側のもういらなくなった感情などは、振動に振り落とされてバッサバッサ剥がれます。

いらないものがたくさん剥がれた後は、以前よりずっと自分らしさを取り戻した状態なので、魂の目的に沿った生き方を選びやすいと思います。

それができるのが、純粋な愛の存在であるペットです。

ペットのような存在でなければ、小手先の技術や表層的なゆさぶりでは、私達の純粋な部分は共振共鳴できないでしょう。だから、ペットが亡くなって、悲しければ悲しいほど、今生の自分に必要ないものが浮上し、自分とセパレートしていくのだとも言えます。

ペットは亡くなることで、飼い主を本来の愛の存在に戻せるよう、不必要なものをいっぺんにたくさん剥がすという一番と言っていい大仕事を成し遂げます。

これは、彼らのような純粋な愛の存在にしかできないこと。悲しいけれど慈愛の行為の賜物とも言えるのではないでしょうか。

ですから、ペットを亡くした時の悲しみや苦しみは、我慢せず、涙とともに外側に出すことが大切です。

少し前まで、悲しみ過ぎると、ペットが心配して天国へ上がれないから、泣き過ぎてはダメなどと言われていました。ですが、そんなことはありません。愛する飼い主さんに必要ないものを、いのちをもって祓《はら》うという最終儀式がペットの死ですから、祓われたものを感じて外側に出す行為は、連携プレイとも言えるもので、ペットが困ることはありません。

浮上したものは、時間の経過とともにまた沈殿してしまう傾向がありますから、ペットが亡くなってから1年くらいは、思い出して悲しくなったら、積極的にいっぱい泣くほうが良いと思います。一生分くらい泣いたわ、と思える1年を過ごせると、悲しみ剥がしも大成功し、ペットも喜んでくれるのではないでしょうか。

ペットと飼い主さんは、強い絆、究極の愛で結ばれています。

亡くなった直後はただただ悲しかったり、自責の念を感じたりと負の感情ばかりが

出て来ると思いますが、泣いて、内側の不要なものを手放すうちに、大いなる感謝が湧いて来ることがあると思います。負の感情より感謝の念が大きくなれば、もう大丈夫。悲しみ剥がしはうまくいったと思ってください。

お空のペットも、大きな使命を果たせてきっと安堵していると思います。

知っておきたい「悲しみの5段階」

ペットロスは当たり前の悲嘆作用です。

ですが、当たり前と思えない程の凄まじい悲しみや、負の思いに陥る可能性もあり、いつからいつまでというような期限もありません。

悲しみには段階があると言われています。

ペットを失った直後は、「ショック期」です。

まだペットの死を受け入れることができず、ただただショックで心身喪失状態にあることも少なくありません。

次に訪れるのが、「喪失期」。

とても混乱した状態になります。

ペットが亡くなったことがまだ受け入れられないにもかかわらず、自責の念や罪悪感が重くのしかかり、もし、あの時ああしていれば……などと今さらどうしようもないことを繰り返し思っては落ち込んだりします。

それから、「引きこもり期」。

喪失期のような激しい混乱はないものの、自分や周囲への怒りや自責の念にかられ、周囲とのコミュニケーションをシャットダウンしてしまう時期。

次が「回復期」。

回復期はちょっとした変容期。

ショックで呆然自失、何も感じない、混乱が激しい、感情に振り回される、引きこもってうウツウツする等、いろんな感情がやって来た後に訪れます。

この時期は、やっとペットの死を受け入れ、少しは感情のコントロールも可能になっています。

最後に「再生期」。

悲しみの感情とともにあるものの、新しい状態に慣れ、何か新しいことをスタートさせようか等と考える余裕も出て来ます。辛かったこと等を素直に周囲に語ることができるようにもなります。

こんなふうに悲しみには段階があるんですね。

これはひとつのパターンであって、例外もあるでしょうし、全部の段階を踏まない場合もあります。期間もまったく個人によってバラバラで、ペットが亡くなってからいつからいつ頃までが◯◯期とは言えません。

でも、そういう段階があることを知っておくと、ふと我に返った時、自分がどんな状態にいるのかを知ることができ、客観的になる時間が持てるかもしれません。

亡くなったあとにやると良いこと

ペットロスの悲嘆は、個人個人でまったく異なるものですので、自分のペットロスを自分で少しでも軽減できると心身の安定に大きくプラスになると思います。

ペットが亡くなった直後は、お通夜やお葬式をしたり、ペット霊園に遺骨を納めたり、親しい犬友さん達にペットの死を知らせたり、たくさんやることがあります。犬だと登録の抹消を保健所で手続きします。ショック期は本来なら呆然自失で動けない時期に当たりますが、ペットのために「儀式をする」のだという強い気持ちがかえって支えになる場合が多いようです。

一連の儀式が終わって少し落ち着いたら、家の内外のペット用品を片付けましょう。ペット用品には、ペットとの思い出がたくさんつまっていて、見ると涙が出るという方も少なくありません。ですが、使う予定がないのに、全部のものを置いておくと、それを使う主がいないことが返って強調され、エネルギーが重くなってしまいます。大部分は処分すると良いでしょう。見ると、楽しい思い出がよみがえるほんの少しのものを置いておくなら大丈夫！

モノを整理するということは、心を整理するということ。

次に、手元に残しておきたいものを、部屋の小さなコーナーに飾ると良いです。

写真などを使って、亡きペットのコーナーを作るのなら、そこに飾るのもいいですね。少し心が回復して来たら、アルバムを整理することもいいと思います。

お写真を見ながらまた涙が出てしまうかもしれませんが、涙が出るなら泣きましょう。悲しいのは、愛おしいペットと愛ある時間を過ごしていたからこそ。泣き終わる頃には、一緒に過ごしてくれてありがとう、という気持ちが芽生えることでしょう。

ペットがいなくなってペットに使う時間がぽっかり空いていることに気付いたら、その時間で、ペットの何かを作るのも良いですね。例えば、お気に入りの写真を引き延ばして額装するとか、手芸が得意ならぬいぐるみを作るとか。

思い出を形にするために、ほかの人の手を借りるのも良いことです。誰かに絵を描いてもらったり、遺骨でペンダントを作ってもらうなどもいいですね。

それらの品物を見ながら、亡きペットにお手紙を書くのはいかがでしょう。飼い主さんとペットは本当に特別な関係です。あなたがペットを思い出しただけで、ペットとハートでつながることでしょう。つながった状態で、ペットへの感謝や楽しかったことなどを綴ると気持ちが整理されてすっきりするだけではなく、ペットからの愛を感じて、自分自身のケアにもなります。

外へ出られるようになったなら、動物関連のボランティアをしてみるなんていうのも良いのでは？　そして、もっともっと心が癒えたら新しい動物と暮らすことにチャレンジすることをお勧めします。

ペットが亡くなってからやってみると良いことを時系列に提案してみました。

あなたのロスを癒すちょっとしたヒント

ペットロスを癒すために、体や心へアプローチできることは、まだまだあります。

●まず一番は、ずっと訴え続けていますが、号泣すること。
ワンワン泣いて、ペットが浮上させてくれたあなたに必要のない内側のものを手放してくださいね。

●お風呂に入る。

自然塩をひとつまみ入れ、浄化のお風呂に入りましょう。自然塩に好きな香りの精油を落としたバスソルトもリラックスできて心が緩みそうですね。

●レスキューレメディを摂取する。

バッチフラワーレメディをご存知でしょうか？　花のエネルギーを水に転写した溶液で、38種類の感情に対応する38種類の溶液がありますが、他にもう1本、レスキューレメディという緊急時の様々な感情に即座に対応するボトルがあります。深い悲しみや罪悪感等を持っている時期には、明るくポジティブなものよりは、感情と同調し、寄り添ってくれるこのレスキューレメディがお勧めです。

●亡きペットのコーナーに花を飾ったり、お供えしたり、場のエネルギーを優しく整えましょう。

ペットはしばらくは頻繁におうちに帰って来るみたいです。お供えもののエネルギーを楽しむ子は結構多いので、ペットコーナーを楽しむのは良いですね。お花だけではなく、お香をくゆらすのも素敵です。香りは、場の浄化にとても優れていますから、神聖な魂となったペットも喜んでくれるのではないでしょうか。

●ペットの写真に語りかける。

写真ってそこに写っているというだけではなく、ちゃんとオリジナルなエネルギーを発しています。写真に話しかければ、亡きペットにちゃんと思いが届くと思います。

●深呼吸する。

負の感情に支配されている時は、体がギュッと縮こまって堅くなりがち。

深呼吸し、体内の滞ったエネルギーを循環させ、自分を取り戻しましょう。

ペットは飼い主さんが大好きです。ペットが大好きだったあなた自身に戻って、あなたらしい人生を送ることで亡きペットも安心します。

●音楽を聴く。

音は波動です。今の自分が聞いて同調できる、好きな音楽を楽しみましょう。

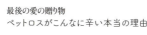

音楽を聴いているうち、悲しみで傷ついた細胞が、修復し始めるかもしれません。

●歌を歌う。

声を出すことは、発散することでもあります。ペットを失くしたことで心身が内側に向いてしまったかもしれません。声を発し、穏やかで優しいリズムに同調してみましょう。

●食べたいお菓子や料理を作って楽しみましょう。

ペットロスを癒すのは、五感の感覚に優しい刺激を与えることで、だんだん整えるというのが自然なやりかたのように思います。ここでいう料理は、いつもの食事をさすわけではなく、何となく特別な一皿を丁寧に作って味わうことを意味します。

ペットロスでまひした感覚や感情、かたくなった心身を、優しく解きほぐすことで、ペットロスで傷ついた箇所がだんだん自分を取り戻し、軽く明るい周波数へと整えることができるでしょう。

第5章

その後の『「魂の絆」の物語』

ペットは飼い主の幸せを いつも願っている

ずっと見守ってくれている

幸せな年月を共に重ねたペットとも、やがてお別れの日がやって来ます。すでに、何頭かお見送りなさった方もいらっしゃるでしょう。私の周りでも、初めての自分のペットを見送った人が何人かいます。

みんな、口を揃えて言うのは、「また、会いたい」です。

また、会いたいですよね。

できれば、未来世ではなく、今生再び巡り会いたいというのが本心ではないでしょうか。私も同じように思いました。

ペットのお役目は、飼い主さんの幸せに貢献すること……でしたよね。

ペットがそばにいるだけで、私達は十分幸せを感じることができます。そう言う意味では、そばにいてくれたら、すでにお役目を果たしていると言えるかもしれませんね。でも、ペットもちゃんと天界で決めて来たサポートを実行し、それができたら、今生を卒業してもいいってことになってるようです。

ペットが旅立つということは、お役目を全うできたか、旅立つことでお役目を果たすかのいずれかです。志半ばで、逝っちゃったよってことはありません。


ペットは飼い主さんの幸せをいつも願っています。

飼い主さんとペットの特別な関係は、これからも続きます。

その関係性が世界をよりよくすることにつながっている不思議。閉じた関係のようで、実は開かれた関係を形成しています。目の前のことを一生懸命やっていたら、気がつかないうちに、社会に貢献していた……なんていうのに似ているかもしれません。


私は、アニマルコミュニケーションで、亡くなったペットと話をするのが大好きです。彼らは、お姿もキラキラと美しいですし、発する言葉が愛にあふれ、聞くだけで心身が浄化されます。すべてを受け入れて愛する美しさをたっぷり教えてくれます。

そして、とてもユーモラス！　時に、新しい世界を垣間見られ、天界に思いを馳せてはうっとりです。

私は、闘病中にお話させていただいたペットと、その子が亡くなってからまた、お話させていただく機会が多いのですが、生前、闘病中だったりシニアだったりするペットは、お空では、老いも病気や怪我もなく、重い肉体を脱いでいますから、とっても軽やかでまばゆい光を放っています。

彼らは、今生のご縁が続く間はずっと、飼い主さんを見守るのですが、「生前よりサポートしやすい」と言っています。肉体を脱いで、自由に瞬間移動ができるので、飼い主さんに純粋な愛のエネルギーを送ることができるし、浄化の光をプレゼントすることもできるので、自分が肉体を脱いで軽い周波数になったことを、とても喜んでいます。

どうしてみんなのことをそんなに知っているの？

彼らがお空に行ったあともおうちのことをよく知っているのは、天界にいながらおうちにも存在できるからじゃないか、と最近私は思い始めました。瞬間移動というだけではなく、あらゆる次元に自由に存在できるようなんです。

宇宙の法則のような、天界のルールというものがあって、それに準じた自由なのでしょうけれど、魂はエネルギーだという理解がなければ、戸惑ってしまう程、彼らは自由を謳歌しています。

瞬間移動はもちろん、地球に降りて来て、2つのおうちに同時に存在することもできるのではないか、と思います。


若林家のパスカルちゃんは、穏やかで、誰とでも仲良くなれる利口な6歳。

もうすぐ結婚するお姉ちゃんやお姉ちゃんの婚約者、父ちゃん、母ちゃんが揃った休日、みんなで一緒にお散歩を楽しみました。その3日後の早朝、急に呼吸が乱れ、あっけなく息を引き取りました。

何が起きたのか飲み込めない母ちゃんは大号泣。翌日、頭の中にはてなマークがいっぱいのままお空へと見送りました。

その時、すでにお姉ちゃんのおなかの中にはベイビーが宿っていました。

数か月後に無事、生まれた女の子はすくすく成長。

お空のパスカルちゃんとの2度目のアニマルコミュニケーションで、彼女は、おうちとお姉ちゃんのおうちの両方を行ったり来たりしていることや、ベイビーが泣いたら一緒にあやしていることなどを伝えてくれました。ペロペロ舐めて慰めると泣き止んで笑ったりするのだそうです。

そんなお話を聞いた数年後、母ちゃんが私に連絡をくれました。お姉ちゃんのベイビーは、お友達と仲良くしたい時、お友達をペロペロ舐めるのだそうです。

「きっと、パスカルが彼女に教えたからですね」

母ちゃんは、なんだかとてもうれしそうでした。

パスカルちゃんは、母ちゃんがどうしているかもよく知っていましたから、きっと2つのおうちのご家族全員を見守っているのでしょう。

このお話を聞いた当時は、瞬間移動してるんだな、と、解釈していましたが、今は、母ちゃんのエネルギーの中にも、お姉ちゃんのエネルギーの中にも小さな絆星があって、それを通していつもつながってるのだろうと思っています。

「ひとりぼっちで行かせてしまった」——野崎さんの後悔

ペットが亡くなる時、多くの飼い主さんは、自責の念にかられます。

どんなに手厚く介護したとしても、どこかから後悔の原因を探し出して来て、もっとこうしてやれば良かった、もっとああしたら大丈夫だったのではないか、と、あれこれ悔やみます。確かに、やれることはすべてやったと思えることはまれかもしれません。ですから、亡くなった動物とのアニマルコミュニケーションでは、ペットに謝りたい、という飼い主さんも多いのです。

ペットの側は、飼い主さんにはとても感謝しているので、飼い主さんの後悔や自責の念を感じると、辛くて誤解を早く解きたいと、交信できる日を待ちわびたりしています。憔悴し、凹んでいる飼い主さんに、そうじゃない、と言いたいお空のペットはとても多いんじゃないかと思います。

そして、誤解が解けることでお空のペットは安心しますし、飼い主さんは、半信半疑の場合もありながら心が軽くなります。ペットと飼い主さんは特別な関係ですから、ペットの気持ちはウソじゃないって、魂レベルではちゃんと受け取っているのだと思います。

野崎家のローレン君は、イタリアングレーハウンドの男の子。生まれながらに障害があって、売り物にならないという理由で捨てられそうになったところ、野崎家のママに保護されました。

野崎家のママは個人で動物保護活動をしています。行政から相談を持ちかけられる程、介護もお世話も上手です。ローレン君は、脳に障害があるかもしれないということで、そのまま野崎家の犬になりました。歩行に問題があるだけで、脳からの影響はさほどなかったようです。

8歳になった頃、原因不明の高熱を出してから、徐々に食が細くなり、癲癇《てんかん》のような発作を起こし、とうとう立てなくなりました。立てないだけで、全然手がかからなかったので、食事やおしめの交換以外は、あまり気にかけなくて良く、助かっていたそうです。ほかに保護された動物がたくさんいてママのサポートを待っていたからです。ママが保健所や保護施設からおうちに連れてくるのは、飼い主さんが見つかりそうな子と、重病で誰も面倒を見なさそうな子。

重病の子に手を取られ、ローレン君には必要最低限のお世話をするだけになって2年。深夜におしめを替えに行ったら、すでに彼は息絶えていたそうです。たったひとりで逝かせてしまった。最期を看取れなかったママは激しく後悔し、自分を責め、重い気持ちで日々を過ごすようになりました。ローレン君の気持ちを聞くのがこわくて、アニマルコミュニケーションをなかなか申し込めなかったと言います。

自責の念の裏に隠れていた、本当に手放したいもの

お空のローレン君につながると、自分を思う時のママのエネルギーが重いことが悲しいと伝えて来ました。

そして、

「僕はママの応援団だったの。

ママの中の僕のイメージは、（いつもひとりで）ぽっつん……だったろうけど、僕はい

つもママに意識を合わせて、ママあわてないで！　ママそんなに怒らないで！　って気持ちはずっとママと一緒に動いてたんだよ」

最期、看取れなくてごめんね、と、伝えると、ママの手を煩わせたくなくて（肉体を）そーっと離れたのだと教えてくれました。ママの忙しさを知っている自分としては、大成功だったのに、ママが悲しそうで驚いたのだそう。

「僕がひとりぼっちでひっそり死んだってママは思ってるけど、今日からは訂正して欲しいな」

そんなことを聞いていると、天界からのメッセージが降りて来ました。

普通のアニマルコミュニケーションはたぶん、動物の意識の層との交信だけだと思うのですが、私はいつのまにか、必要な時には動物を守護する存在からのメッセージを受け取ることができるようになっていました。

野崎さんが手放したほうが良い感情や観念が、ローレン君の件で浮上してきている。

ローレンを思うと苦しいと思考が思わせているけれど、今からどうにもできないことに苦しんだり悩んだりすることも手放させようとする力が、ローレン君を通して働いている……とのこと。ローレン君を思う度に号泣すると良いとも言われました。

野崎さんは、保護活動を行なう中、理不尽なことや多くの修羅場、冷たい人間関係を見て来て、ちょっとやそっとのことでは感情が動かなくなってしまったと言っていましたが、心の奥底に沈殿したそれらが何かの拍子にざわざわうごめく大きな出来事があったようでした。

私のアニマルコミュニケーションは、感じたエネルギーが瞬時に会話形式でやってくるので、目の前でおしゃべりをしているようにお感じの方もいらっしゃるかもしれませんが、このように感じた内容を、そのまま「ご報告書」にまとめて飼い主さんにメールでお届けしています。
「受診箱にローレンの文字を見つけた時点ですでに涙腺崩壊。最後まで読み終えた時には、酸欠で頭痛がするほど泣きました」と、野崎さん。

エネルギーに反応してママが悲しむから今は遠くから見てる……と、ローレン君は話してくれました。まだまだ悲しみでいっぱいの野崎さんですが、ひとりぼっちで逝かせてしまったわけではないとわかって、少しは安心できたと思います。

「イラッとしてばかりでごめんね」——ちゃせん君に謝りたいこと

竹中ちゃせん君が、10年に渡る闘病生活の末、天国に旅立ったと竹中さんから連絡がありました。最後の1年は寝たきりだったので、お世話がたいへんで、ちゃせん君にイラッとすることも多く、謝りたいとのこと。壊死性脳炎という大病を患いながら、長きに渡ってそばにいてくれて、いつも味方をしてくれたのだそうです。

「愛犬がいなければ、私はこの世にいなかったかもしれない。

そんな最悪の選択をするかもしれない環境にいました。

そんな私をずっと見守ってくれたのが愛犬でした。

命の大切さを教えてくれたのも愛犬でした。

そして、やっと自分の進むべき道が見えたとき、愛犬は天国へと旅立ちました」

メールにはそう書いてありました。

あっと思うことばがキーワード

ちゃせん君へのお手紙を預かり、交信した後、報告書を送ったら、竹中さんからご感想メールが来ました。そこに、

「ちゃせんから、仏様や観音様という言葉が出て来てびっくりしました。

偶然かもしれませんが、私の進むべき道が見えたというのが、仏画なんです」

とあって、今度は私が驚きました。

竹中さんは、ご実家で暮らす、ごく普通のＯＬさんだったからです。

おかーさんが、寝不足でイラっとしてたから反省してるって、と、伝えた時、

「またまたー、いいんだよ、それが人間。

別に僕は仏様や観音様のおかーさんを求めてるわけじゃないし、反対の立場だったら、そりゃいらいらする」

と、答えてくれたんです。

飼い主さんが、あっと思うことばは、キーワードですね。

彼はこれからも、おかーさんである竹中さんの仏画人生を、お空から応援なさるのではないでしょうか。

ちゃせん君が亡くなった日は満月。

月に1回の仏画教室の日だったので、彼に捧げる仏画を描いて、一緒に火葬したのだそうです。ちゃせんに届いていればいいな、と、おっしゃっていました。

届いてるに決まってるじゃないですか！

お空のペットからのサインを上手に受け取る方法

ペットと飼い主さんは、ほんとに特別な関係ですよね。今生、生まれ変わったペットにまた会うというのが、理想とお考えかもしれませんが、ちゃせん君のように、本当にやりたいことを見つけた飼い主さんを、お空から惜しみなく積極的に応援し、二人三脚でこれからの道を進んでゆくという新しい関係も素晴らしいと感動しました。

ちゃせん君のように、強い意志を持って、お空から応援するという場合、ちゃんと見てるから頑張ってね、と、サインをくれることがあります。

ちゃせん君の場合、最初のサインは、私を通してのキーワードでしたね。その道でバッチリだよ、と、いうサインだったかもしれません。

わかりやすいのは、お空のペットが夢に出て何かを教えてくれる場合。なかなか夢にも出て来てくれないって方もいらっしゃいますが、何か答えが欲しい場合は、寝る前に○○について教えてください、と、愛するペットに問いを投げておくと良いですよ。また、せっかく答えをもらっても、起きてしばらく経つと忘れてしまう場合がありますから、起きてすぐメモを取れるようにしておくと良いですね。

亡くなったペットを感じようと思えば、彼らに質問を投げておくのが、彼らも答えやすいと思います。直接、こうだよ、と、言ってくれるわけではありませんが、サインを届けてくれるでしょう。

例えば、気配。足音を感じたり、なつかしい匂いがしたり。また、虹や彩雲、流れ星など、綺麗で珍しい自然現象。ペットのお誕生日などの共通する数字を見るということもサインです。誰かの体を借りて、生前のクセを披露するなんてこともあるかもしれません。

このようなサインも、あなたが何かを考えて、心がどこかに行ってしまっている場合は、受け取ることができません。私のアニマルコミュニケーション通信講座では、ベーシックコースの目標が、自然(動物)とつながる感性を養うことです。

自然の中で、深呼吸するとかはとても良いことです。また、毎日の生活の中で、朝起きたら窓を開けて部屋の空気を入れ替えるとか、手を洗う時に身体の中の不要なものが水で洗い流されて出て行くとイメージするとか、育てている動物や植物に挨拶するとか。

都会暮らしの方は、時に、空気の澄んだ場所へ旅行に出掛けると明らかに周波数が変わると思います。

ペットと飼い主さんは、ハートとハートが愛でつながっていますから、愛の周波数を保つことも、亡くなったペットが感じやすくなるポイントだと思います。

明るく軽い周波数は、気分が良いときに発せられます。いつも自分をご機嫌にする小さなチョイスをたくさん持っておくと良いですね。

ヨガやダンスで、心身を柔軟にすると、亡くなったペットはサインが送りやすいかもしれません。堅く閉じているよりも、柔らかくオープンであると、私達も声をかけやすいじゃないですか。亡くなったペットも、気難しく堅苦しいよりは、ふわっと明るく微笑んでくれるほうが良いに決まっています。五感を磨くということも大切です。

自分がしっかり自分の中心にいる感覚や、地に足がついている感覚もとても大事。

サインが来てないか、自分以外の人のこと……つまり、自分の意識の外側を気にするよりかは、自分が安心してリラックスできているほうが受け取りやすいです。

音楽を聴くとかアロマを焚くとかお風呂に入るとか、自分をリラックスさせる方法をいくつか持っていると良いですね。同じように、自分をご機嫌にさせる簡単な方法も幾つか持っておき、いつもご機嫌でいると、サインは受け取りやすくなります。

あなたのペットとつながる「虹の光のイメージワーク」

今まで、小さなお話会やイベントで、「虹の光のイメージワーク」というのをやってきました。会場では私の誘導瞑想ですが、皆さん、ご自身のペットとつながっている気持ちを感じたり、中には、おしゃべりを楽しめる方もいらっしゃいます。

もし、あなたがご自分のペットに伝えたいことがあったり、意識を合わせて愛を感じたいと思ったなら、自分のペットとひとつになる虹の光のイメージワークをぜひ、やってみてくださいね。光の国のペット達とでも大丈夫ですよ。

1、イスにゆったり腰掛け、深呼吸でリラックスする。

2、軽く目を閉じ、自分が透明な虹色のシャボン玉のような光に包まれていることを感じる。

（シャボン玉の外側に自然の風景を創造できるとなお良い）

3、自分はシャボン玉の中にいながら、イメージの中でペットを1頭呼び、虹色のヒーリングをさせてね、と声をかけ、自分同様の虹色のシャボンにペットを入れる。

4、ペットが虹色のシャボン玉に馴染んでいるようなら、自分のシャボン玉からペットのシャボン玉の中に移る。

（その子の世界に入れてもらうような感じ）

5、ペットの様子を観察したり、話しかけたりする。

（一体感を感じるだけでもＯＫ）

6、ペットが自身のシャボン玉に、自分を入れてくれたことや、一緒に過ごしたこと、お話しできたこと等の感謝をペットに告げて、シャボン玉から出る。

（自分のシャボン玉は、ペットのシャボン玉に移った時に消滅している）

7、ペットが入ったままのシャボン玉が空に上がり、天界へと還って行くのを見送る。

8、再び、深呼吸し、意識を部屋に戻し、手足を動かして目を開ける。

透明なシャボン玉の虹色は、私達にも動物達にもある、7つのエネルギーセンターを象徴しています。虹の7色を見ながら（意識しながら）呼吸することで、体にあるエネルギーの出入り口をヒーリングしたような状態を作ることができ、シャボン玉の中は周波数の高い次元となります。ネガティブなものや自分でないものは一切、入ることができないので、とても安心・安全な場を簡単に作ることができるのです。

そのような安心・安全な場で、愛する動物と一体となる体験は至福です。

ただ、体感は人それぞれかもしれません。

これを何度か繰り返し、日常で楽しめるようになると、現実面でも、ご自分のペットと心の距離がより近くなったことを感じられることでしょう。

ペットとのお話を望む場合は、多頭飼いのおうちでも、必ずシャボン玉には1頭だけが入っているようイメージしてください。

家族全員で、一体感を楽しみたいという場合は、一度にペット全員をシャボン玉に入れても大丈夫ですが、その場合は、個々とのお話はできません。シャボン玉の中は複数のペットのエネルギーが混在しています。お話が目的ならば、お話ししたい子をひとりだけシャボン玉に入れてください。

ペットと飼い主さんは、お互いに尊重し合う地球の仲間です。彼らに対する感謝を忘れないように伝えましょう。

虹の光のイメージワークで、ご自身のペットとますます仲良く暮らしていただけるとうれしいです。

深い絆には必ずある「その後の物語」

ペットとあなたが、深い絆で結ばれていて、お互いに愛がある場合はまた、いつかどこかで再び巡り会って、新しい章を共に歩いて行く「魂の絆の物語」があることをお伝えしたくて、この本を書きました。

私が今までのアニマルコミュニケーションやヒーリングでご縁をいただいた、幾つかの絆の物語もご紹介させていただきました。

アニマルコミュニケーションを受けてくださった方々は、ペットを亡くした方も、ペットとの生活を楽しんでいらっしゃる方も、口を揃えて、受けて良かった、ペットとの絆が深まった、と、ご感想をくださいます。

ペットが余命宣告を受けたり、重篤な病状で、食べたいものやして欲しいことを聞きたいという場合も、「アニマルコミュニケーションで動物の気持ちがわかったことで、してあげることもわかって、充分にお世話することができたから、ペットが光の国に還ったとしても、ひどいペットロスにならずに済みそうです」と、おっしゃってくださる方がたくさんいらっしゃいます。

お空のペットからの純粋なメッセージを受け取った飼い主さん達は、会いたい切なさとペットへの感謝で号泣しましたが、「元気でいることや、我が家に出入りしていることがわかってなんだか安心しました」と、おっしゃいます。ペットと暮らしていれば、魂の絆の物語が必ずあります。

この子が私をアニマルコミュニケーターに導いた

我が家の4頭（1頭は光の国の住人）と私にも、魂の絆の物語があります。

私をアトピー性皮膚炎から救ってくれた最初の犬は、序章でもお話しした通り、大家族時代に庭で飼っていた雑種犬です。

彼は、生駒山の祖母宅へ引き取られたので、私は電車を乗り継いで会いに行きました。でも、帰り際の遠吠えが切なくて、彼が年を取るとともに段々、足が遠のいてしまいました。彼が亡くなったと知らされた時、今度一緒に暮らす時は、ずーっと一緒にいよう……と心の中で約束した犬です。

生まれ変わって我が家に来てくれた彼は、もう17歳（人間で言えば84歳）ですが、大きな病気をすることなく、まだそばにいて、どんな私でも受け入れる器の大きいところを見せてくれています。

2017年に光の国に還った2番目の犬（ぴーちゃん）は、大家族時代のセキセイインコ。一緒にマンションに移り住んでから自室で放鳥していました。彼は、嫌いなことはしなくていい、好きなことだけすればいい、と、態度で示してくれました。

3番目の犬は、大家族時代、1階で飼っていた猫。

家に来た時、まだ子猫で、あまりの可愛さに無理矢理抱いては引っ掻かれ、私はいつも傷だらけでした。逃げるばかりでまったく近寄りもしないくせに、夜は私の布団にもぐり、肌を寄せ合って寝ていました。

その時から、自分のやりたいことに躊躇《ちゅうちょ》しちゃだめ。嫌なことからは遠ざかること。

小さくまとまらずに自分の枠を広げよう……と教えてくれていました。一緒に暮らして半年程で、何かの薬を誤飲し亡くなってしまいました。そうすることで、幼児だった私に「死」を教えたのでした。

4頭目は、3番目の犬が我が家で生みました。

母親である3番目の犬はチェコ共和国原産の小型犬で、図鑑で見て一目惚れした犬種です。

国際畜犬連盟（FCI）からは犬種として承認されておらず、チェコ人と日本人のブリーダーが協力し合って繁殖しています。そのため、メスを譲り受けた際の約束で、チェコの親犬になるテストに合格した場合は、出産に協力することになっていました。

最初の出産で3頭の仔犬を生み、3頭共、新しいおうちへ行きましたが、あるご家庭で、仔犬が亡くなったことから大きなトラブルに発展しました。大人になってから一番辛い出来事でした。

4頭目はその仔犬の生まれ変わりです。

亡くなった仔犬の思いが聞きたくて、アニマルコミュニケーターを探して、お願いした際、「今度生まれる時も、おうちに生まれるから、今度はずっとおうちに置いて欲しい」と伝えて来たんです。それを聞いて、とてもうれしかったのですが、生まれた仔犬がその子だとわかる自信はまったくありませんでした。

そこで、一大決心をして私自身、アニマルコミュニケーションを本格的に学び、今に至ります。4番目は、生まれる時にたくさん合図をくれたので、アニマルコミュニケーションをせずともすぐに彼女が生まれ変わりとわかりました。その彼女も12歳（人間でいえば64歳）です。

ペットがいなかったら今の私はいませんでした。

今まで一緒に過ごしてくれたペット達には感謝でいっぱいです。彼らとは、ひょっとしたら過去生でも一緒だったのではないか、と、思います。

アニマルコミュニケーションは、純粋な動物からの愛を受け取ることができる、優れた手法です。多くの方が、ペットとご自身の「魂の絆」の物語を紐解き、愛するペットとまた会えることを信じて、ご自身のいのちを輝かせて今を生きてくださることを願っています。

ペットは生《う》まれ変《か》わって
再《ふたた》びあなたのもとにやってくる
"光の国に還った魂"からのメッセージ

2018年7月31日　初版発行
2019年10月25日　3刷発行

著　者……杉《すぎ》 真《ま》理《り》子《こ》
発行者……大和謙二
発行所……株式会社大和出版
東京都文京区音羽1-26-11　〒112-0013
電話　営業部03-5978-8121／編集部03-5978-8131
http://www.daiwashuppan.com
印刷所／製本所‥‥日経印刷株式会社
装　幀……斉藤よしのぶ

ISBN978-4-8047-6302-6